TABLEAU

DES

CONNOISSANCES

HUMAINES;

AVEC UNE

DISTRIBUTION

GRADUELLE

DES ETUDES

A LYON.

Chez LA ROCHE, Libraire.

M. DCC. LXIII.

Avec Approbation & Permission.

TABLEAU

DES

CONNOISSANCES

HUMAINES.

PREMIERE PARTIE.

LE TABLEAU que j'en-
treprends, ne peut-être
que vaste ; il y faut de l'entente,
de la précision & des détails.

Division generale.

Il y a des connoissances simplement instrumentales ; il y en
d'essentielles, & d'autres de convenance. L'on verra bientôt

A

cette diftinction eft arbitraire,
ou fuperflue.

Connoiſſances inſtrumentales.

J'appelle connoiſſances inſtrumentales, celles qui ne ſont que
des moyens d'apprendre, ou de
produire ce qu'on ſçait ; qui ſont
moins des ſciences, que la clef
indiſpenſable des ſciences, & pour
ainſi dire, les mains de la Raiſon,
dont il ſeroit impoſſible de ſe paſſer, & ridicule de ſe contenter.
Tels ſont:

1°. Le langage; ce qui comprend parler, lire & écrire par
uſage, & ſelon les Idiomes divers, que le beſoin preſcrit. Ceci
demande une explication, qui
à préſent m'arrêteroit trop.

2°. L'Arithmetique, ſoit la
vulgaire, qui compte avec des
chiffres; ſoit l'Algébre, qui gé-
néraliſe encore plus les quantités, en les déſignant par des lettres, ſignes vagues, avec leſquels
néanmoins elle oſe calculer l'in-

fini. L'Arithmétique est d'un besoin journalier & continuel, dans le moral autant que dans les affaires ; car en cette vie, où tout est mêlé de probabilités & de doutes de projets & d'obstacles, de demi plaisirs & de grandes peines, tout est affaire de calcul.

3°. La Logique , qui apprend à raisonner juste, & à s'exprimer de même, non seulement sur les idées, mais aussi, & plus souvent sur les sentimens & les faits, vulgairement négligés ; mais du moins aussi importans, & beaucoup plus difficiles à discerner. La Grammaire, en est la partie élémentaire, la Critique le fonds & la Rhétorique l'ornement.

4°. La Géométrie, qui mesure les grandeurs , combine leurs rapports, & par là, devient la Logique spéciale des mathématiques & des Arts. Elle dirige l'Arpenteur & le Machiniste ;

l'Architecte & l'Ingénieur sont
ses ouvriers : la matiere ne prend
des formes réguliéres que sous ses
mains : aussi le dessein va à sa suite, comme un instrument subsi-
diaire également utile & agréable.

5°. Enfin la Poétique qui aussi
différente de la Poésie, que la
Rhétorique l'est de l'Eloquence
enseigne simplément les régles
usitées de la Versification, & la
tournure convenue des differens
Poémes : au lieu que la Poésie
invente & exécute, ne parle qu'en
expressions mesurées, par fictions
par images, sans souffrir de mé-
diocrité, parce qu'elle n'est point
nécessaire, il faut qu'elle enchan-
te & étonne. Digne dans son
sublime, que l'emphase l'appelle
la langue des Dieux ; dans ses
écarts, la raison l'appelle le dé-
lire des foux.

Connoissances essentielles.
J'appelle Connoissances essen-

tielles, celles qui ont des objets réels & néceſſaires à tous les états dans tous les tems, & auſquelles rien ne peut ſuppléer, parce qu'elles comprennent tout ce que l'homme doit abſolument ſavoir & faire, ſous peine d'être degradé & malheureux. Elles ſe réduiſent à trois.

1 . La Religion, par laquelle nous devons commencer, continuer & finir, parce que nous ſommes de Dieu, par lui & pour lui.

2°. La Morale, pour ſe connoître ſoi-même & les autres, ce que l'on peut & ce que l'on doit dans les cas divers, où il plait à la Providence de nous placer.

3°. La Phiſique, pour prendre une idée de la nature & de ſes Opérations, de ſon propre corps, & de ce qui fait la ſanté, ou la rétablit, des arts divers qui augmentent l'aiſance, ou adouciſſent les ennuis.

Si l'homme n'étoit qu'un Automate isolé, jetté au hazard & pour un moment sur la terre, on le trouveroit peut-être aussi heureux que les bêtes, avec un instinct & des organes, des mains & des dents, mais il a une ame à perfectionner, des devoirs à observer, & une autre vie à prétendre, il est sous la main de Dieu, lié à une société & chargé de lui-même. Or le premier Commandement de Dieu, est qu'on lui rende hommage de toutes ses facultés, en travaillant selon l'ordre de sa Providence. La premiere loi de toute société est qu'on lui soit utile, pour racheter par des services les avantages qu'elle procure. Le premier conseil de l'amour propre est d'augmenter son bien-être par l'aisance que la Raison permet, & la considération que le Mérite attire. Il faut donc que l'on

abjure sa destination & son exis-
tence, ou que l'on connoisse
les œuvres de Dieu & le culte
qu'il exige, le droit de la nature & les ressources de l'économie, les loix de sa patrie &
les talens qu'elle honore, les
moyens de la santé & les arts
d'agrement. Il faut adorer Dieu,
aimer les hommes & travailler
à son bonheur pour le temps &
l'éternité. Religion, morale,
Physique, ces trois objets se re-
présentent sans cesse, & ne se
séparent point.

Connoissances de convenance.

Enfin, ce qu'on nomme Etudes
de convenance, ce n'est que ces
trois mêmes choses, avec les
connoissances instrumentales qui
y préparent ; mais poussées plus
loin, & plus ou moins apro-
fondies selon les personnes, ou
les états accidentels ; selon les

gouts, ou les vues que l'on fe propofe. A tel il en faudra une partie entiére; à tel autre feulement une branche, & quelquefois une des moindres. Par exemple, il y a quelque langue à apprendre outre la Nationale; car tant qu'il reftera établi que les Chrétiens prieront Dieu dans une langue qui n'eft point leur langue, & que les François fe régiront par des loix qui ne font pas leurs loix, le Latin fera une langue néceffaire commelapriere publique & les loix; & comme tous les peuples d'Europe font à peu près dans le même cas, le Latin fera de plus une langue commune à tous ces peuples, & partant une preuve d'Education & une reffource aux Voyageurs; mais le Grec & l'Hebreu, comme l'Allemand & l'Anglois, &c. ne font que des études de convenance

venance, & relatives à l'état ou à l'espéce de science qu'on embrasse ; & le Latin même, que l'économie du temps doit borner au langage commun & à l'intelligence des livres d'usage, devient une étude de convenance pour ceux dont le principal emploi est d'en faire leçon : permis à eux de rechercher sans cesse & de mettre au plus haut prix les finesses d'une langue que nous ne savons pas même prononcer. Ainsi le developement le plus détaillé de la Théologie ou des Loix devient l'affaire propre du Docteur ou du Magistrat, & seroit un travers pour celui qui doit suivre le Commerce ou les Armes. Ainsi un Ministre de la Religion n'a que faire d'être grand Mathématicien, ni un Magistrat d'être profond Chimiste. Ainsi la Danse, la Musique & la Peinture, qui seront l'occupation de tous les jours, pour le maître à danfer, le muficien & le peintre, ne doivent être pour d'autres, qu'un amufement paffager ; ainfi du refte. Il n'eft pas permis de n'être rien, ni de fe promener vaguement fur les Sciences & les Arts ; ni quand on a choifi un état, de s'y contenter d'une indigne mediocrité. L'on doit toujours vifer au parfait ; & fans examiner, fi en retranchant des fciences ce que la vaine curiofité & la charlatanerie y ont jetté de fuperflu, l'effentiel de ces fciences eft en effet fans bornes ; il eft toujours certain que chacun dans ce monde doit avoir un pofte, & que ce n'eft jamais trop de tous fes foinspour le remplir avec fuccès. Revenons donc aux trois grandes études.

Divifion des connoiffances effentielles.

Il y a ici un Myftere très-im

portant, & trop peu connu; c'eſt
que la meilleure & même la ſeule bonne maniere de diſtinguer
les parties des Sciences, eſt
auſſi préciſément la ſeule bonne
maniere de les étudier avec
fruit, la ſeule qui s'ajuſte bien
avec la marche & le progrès naturel de la Raiſon. Il convient
que je m'explique.

J'obſerve d'abord que de tous
les objets ſur leſquels l'intelligence humaine peut s'exercer, il
n'en eſt aucun, excepté peut-
être, & tout au plus, l'Arithmetique & la Géometrie, qui ſoient
abſolument indépendantes des
faits. Nous ſentons aſſez que
nous ne devinons rien, & les enfans encore moins. Ce ſont les
choſes de fait qui font naître les
idées. Sans la connoiſſance des
faits, c'eſt une néceſſité que l'on
raiſonne faux, ou en l'air, comme on ne le voit que trop ſou-

vent, même avec ce qu'on apelle de l'esprit ; & au contraire, plus on a de faits, plus il est aisé de juger, puisqu'on a plus de pièces de comparaison ; & plus on combine, mieux on se décide, mieux on agit ; ce qui fait la différence du savoir & de la routine, de l'artiste & du manoeuvre, & il y a des manoeuvres dans tous les genres.

J'observe ensuite que la Religion, la Morale, & la Physique, c'est-à-dire toutes les vraies Sciences, ont en effet chacune trois Parties bien distinctes, dont la premiere est le fondement de la seconde, & celle-ci le principe de la troisiéme, savoir ;

1°. L'Histoire, c'est-à-dire le recueil des faits relatifs à la chose, & qui servent de matériaux à l'esprit.

2°. La Théorie, qui combine ces faits, en cherche les raifons , & en déduit la chaîne des axiomes & des regles.

3°. La Pratique qui, munie de ces secours , opére avec lumiere, & doit être le principal & dernier but de toute étude sensée.

C'est donc par les faits qu'il faut commencer ; & c'est aussi ce que les enfans demandent. Il est d'observation constante qu'ils sont avides de voir & d'entendre; qu'ils sentent avant que d'imaginer ; se souviennent beaucoup & raisonnent peu, ou point ; qu'ils sont remuans & même actifs, mais uniquement d'imitation, & même encore assez grossiere; qu'ils saisissent assez bien les objets, mais en gros & par masses détachées, sans jamais songer à les détailler, & rarement à les comparer; & qu'ils ne vont guére que par degrés, ou même par sauts toujours interrompus par la legéreté & la pareſſe ; ou, ce qui eſt peut-être plus exactement vrai, par les beſoins & les difficultés. Le plan le plus convenable des études eſt donc décidé par l'ordre naturel des connoiſſances humaines ; & tout va ſe déveloper ſans effort.

Partie hiſtorique des Sciences.

Je vais jetter une eſquiſſe legére, mais diſtincte, des grands objets de nos ſciences, & des moyens de s'en aſſurer.

Hiſtoire de la Religion.

L'Hiſtoire de la Religion a deux parties ; celle du Peuple de Dieu, laquelle remonte à l'origine des ſiécles, ce que n'a fait aucune autre Hiſtoire ; & celle de l'Egliſe, qui remplaçant ce Peuple proſcrit, ne finira qu'avec le monde. L'une contient les faits, les loix & les oracles, qui ont préparé le Messie ; l'autre nous montre la Loi nouvelle & immuable, établie par le Messie & ses Apôtres, avec l'Oracle toujours subsistant dans l'Eglise, qui explique ses Mystéres, & conserve sa Doctrine. Les monumens autentiques de cette Histoire sont d'une part, les Livres Sacrés de l'ancien & du nouveau Testament, & de l'autre les décisions des Saints Conciles généraux, & les traditions unanimement reçues des anciens Peres. On y ajoute la suite de la Discipline, des Rits, & des établissemens divers, moins essentiels sans doute, puisqu'ils peuvent changer, mais qui constituent spécialement l'Histoire Ecclésiastique. Voilà les faits de la Religion, & l'objet de ce qu'on appelle Théologie positive, sans laquelle il n'y eut jamais que de vains & dangereux raisonneurs.

Je ne parle donc ici que de la
Religion révélée. L'Histoire des
Religions fausses & des Hérésies
en est à la vérité une accessoire,
mais qui depend de la morale
quisque c'est l'histoire, non de
Dieu, mais des hommes.

Histoire de la Morale.

L'Histoire de la Morale est ce
qu'on nomme simplement l'Histoire, c'est-à-dire celle des hommes en tant qu'agens libres & so-
ciables ; c'est donc l'histoire de
l'esprit & du cœur humain, des
opinions & des entreprises, des
nationslibres & des peuples poli-
cés, des loix & usages publics,
& des faits domestiques.

L'on regarde la Géographie politique & la Chronologie comme les preliminaires de l'histoire
quoiqu'on ne les connoisse que
par l'histoire, mais c'en sont des
extraits qui guident, sauf à les
vérifier

vérifier en chemin faisant.

Il y a les histoires universel-
les compilées ou extraites des
autres, les histoires nationales,
& les personnelles. Il y a les
mémoires, qui ne comprennent
que certains temps ou certainnes
choses, & les dissertations histori-
ques, qui discutent des époques
ou des faits, enfin les médailles,
les archives & les autres anciens
monumens qui servent à consta-
ter des dattes, des usages, ou
même des événements qui font
titre.

Dans les grandes histoires on
observe le caractére général des
hommes, & les influences toujours puissantes du droit primitif
de la nature, l'origine des Etats,
& leurs constitutions diverses? les
rapports de la Religion & des
mœurs, du droit public & des
loix, des usages & des arts, les
établissemens de ces choses, les

cauſes des variations, & leurs
effets.

Dans les hiſtoires perſonnelles,
on cherche des idées inſtructives
& de grands exemples ; comment certains hommes & ſi peu
d'hommes ſont devenus la gloire
de leur Pátrie, & les modeles de
la Poſtérité.

Dans toutes on diſtingue avec
grand ſoin les Ecrivains origi-
naux & contemporains, de ceux
qui écrivent ſans garans, ou après
coup ; les Hiſtoriens qui ont dû
être inſtruits , & ſincéres, des
hommes obſcurs, paſſionnés, ou
intereſſés à être faux.

Mais dans l'hiſtoire, que de
recits de pure curioſité ! & ne
ſeroit - ce pas un beau travail
d'entaſſer dans ſa tête une multitude de details également inutiles à la ſociété & à nous mêmes,
ou dont tout le reſultat eſt qu'il y
a eu des ſcélérats & des foux. Lire

l'hiſtoire, & étudier l'hiſtoire, ſont deux choſes très differentes; l'un eſt l'amuſement de l'oiſiveté, l'autre eſt l'occupation de la raiſon: l'un fait des Conteurs, l'autre des Sages. Le vrai but de l'hiſtoire eſt de nous éclairer, moins ſur ce qu'on a fait, que ſur ce que nous devons, ou pouvons faire; comme on étudie la Phyſique, moins pour ſavoir ce qui eſt, que l'uſage dont il peut être.

Hiſtoire de la Phyſique.

L'hiſtoire de la Phiſique eſt ce que l'on nomme l'hiſtoire naturelle, ſoutenue de la Phyſique expérimentale; c'eſt-à-dire, la collection de tout ce que l'on connoit de la Nature, ſoit par la ſimple obſervation, ſoit par des eſſais hazardés ou réflechis, avec ou ſans inſtrumens.

1°. L'hiſtoire naturelle, qu'on nomme autrement la Coſmographie, est la description de cet Univers visible & des êtres qu'il contient ; c'est donc premierement la notice générale du Ciel & des Astres, de notre Athmosphére, & des météores qui s'y forment.

2°. La Geographie physique, laquelle sans égard aux divisions politiques qui font l'ouvrage des hommes, & aussi inconstantes qu'eux, décrit la terre par les climats & les mers, les montagnes & les fleuves, les sources minerales & les volcans, &c.

3°. Ce qu'il a plu d'appeller spécialement l'histoire naturelle, c'est-à-dire le detail des corps terrestres divisé en trois *Regnes*, des Minéraux, des Végétaux & des Animaux. Ces trois regnes se subdivisent par classes, genres & espéces ; & dans toutes il y a à observer, non pas seulement leurs noms & leurs figures, ce qui demande cependant un temps & une mémoire extraordinaire ; mais encore leurs terres natales, leurs formations & leurs variétés, leurs propriétés & leurs ufages. Les Végétaux ont leur hiftoire particuliere, qui eft la Botanique : & il y en a une pour l'homme feul, qui eft l'Anatomie; mais celle-ci eft prefque toute de Phyfique expérimentale. Il y a même une forte de Phyfique de l'Ame en tant qu'unie au corps, & ce n'eft pas une des moindres parties de la Médecine & de la Morale.

L'obfervation apartient certainement à l'expérience Phyfique; mais n'eft point du tout ce qu'on nomme Phyfique expérimentale. Dans celle-là il ne faut que des yeux, de l'attention, & un peu de jugement. Dans celle-ci l'efprit raifonne, & la main travaille : déja riche des découvertes

de l'autre , elle y ajoute ses pro-
pres inventions, & alors elle peut
se présenter sous deux faces très
differentes, ou bien suivant un
plan Cosmographique quelcon-
que , elle met ses épreuves à côté de chaque objet , pour en
éclaircir les propriétes, & c'est
à cette méthode sage que sem-
blent se borner les plus célébres
Académies, pour l'Astronomie,
la Chymie , l'Agriculture , &c.
ou bien plus hardie , elle annonce une Théorie, qu'elle étaye de
ses opérations, quoiqu'il y ait des
parties entiéres de la Physique,
qu'elle n'efleure seulement pas.

D'ailleurs dans l'histoire naturelle , il est assez permis de se
défier des faits ; car combien
de raports hazardés par gens qui
n'ont point vu, ou qui ont mal
vu ; & combien d'opérations
équivoques, dont d'autres essais
combattent les résultats. Il faut

droit tout vérifier par soi-même,
ou n'en croire que des garans
sûrs.

Théorie des Sciences.

En tout genre, l'histoire seule
fait les érudits ; il faut encore la
Théorie pour faire des savans,
& les sciences ne peuvent être
complettes, qu'autant que l'on
a tous les faits nécessaires pour les
former. Tant que l'on devine,
ou que l'on suppose, l'on n'a que
des hypothéses, des assertions
provisoires, qui amusent l'esprit,
qui suffisent à l'ignorance, que
l'orgueil peut soutenir; mais que
la prudence ne suit qu'en trem-
blant ; comme l'on marche dans
l'obscurité en attendant le grand
jour.

Théorie de la Religion.

Si ces reflexions sont justes,
il s'ensuit qu'il ne peut y avoir
de Théorie & plus sure & plus

nette, que celle de la Religion ;
puisque les faits qui lui servent
de base sont decidés & autentiques, & qu'il n'est point d'ignorance plus honteuse que celle
de la vraie Théologie ? puisqu'il
n'est point de science plus importante & plus aisée à apprendre, & que si néanmoins il y a
tant d'obscurité & de disputes
dans cette étude, c'est que ce
qu'on appelle Théologie, n'est
point la Théologie.

La Théorie de la Religion
est proprement la Théologie
scholastique, tant Dogmatique
que Morale, différente de la positive, qui est l'histoire, non-
seulement par l'arrangement méthodique des choses, qui en est
le fond, mais aussi par les induc-
tions de pure raison, qu'elle tire
des points décidément révélés,
& qui en sont l'accessoire.

La Théologie dogmatique
n'est

n'est & ne peut-être qu'une Logique saine, appliquée aux faits
de la Religion , pour traiter avec
ordre des Dogmes, de Dieu &
de ses Mysteres, de l'Eglise & de
ses Sacremens . Encore, même
cette multitude épineuse de questions qu'elle agite, se résoud naturellement en une seule : y a t-il
sur la terre un Tribunal constam-
ment infaillible ? Après quoi il
ne s'agit plus que d'entendre ce
que ce Tribunal a prononcé, &
de se taire sur le surplus.

La Théologie morale , qui se
réduit de même à une seule grande régle : la conformité de nos
volontés à celles de Dieu, n'est
de même qu'un développement
suivi de la Loi de l'Evangile, &
des Ordonnances de l'Eglise universelle. Mais cette partie a une
appendice très considerable, &
dont on fait une science à part.
C'est le Droit-Canon, qui régle
dans l'Eglise l'ordre exterieure &

la diſcipline genérale, la différence des perſonnes, leurs devoirs & leurs droits ; l'uſage des
choſes ſacrées , & des biens qui
appartiennent à ces choſes, ou
aux perſonnes : ce qui fort ſimple dans lescomencemens à force
de varier ſelon les tems & les lieux
eſt devenu très-compliqué, très-
étendu , & très aiſé à confondre
avec la morale humaine.

Théorie de la Morale.

La Théorie de la morale a
deux parties, la Métaphyſique
& le Droit.

La première conſidérant l'homme en lui-méme, comme un
être intelligent & libre, capable
de projets & de direction , de
mérite & de blâme, remonte
aux principes des mœurs, l'a-
mour propre & la raiſon ; l'indé-
pendance primitive & la ſocia-
bilité ; la ſouveraineté de Dieu &
ſa Providence ; & en deduit les
préceptes de la Religion natu-

relle, & les régles générales de notre conduite.

La seconde suivant l'homme dans ses relations diverses, se compose de plus en plus: & dela,

1°. Le Droit naturel, qui assigne les droits, & les devoirs respectifs des hommes, antecédemment à toute convention & établissement de leur fait. Ce, droit universel dans son origine, & imprescriptible dans son essence est la base necessaire de toutes les Loix.

2°. Le Droit des gens qui ajoute au Droit de la nature les conventions libres des particuliers, ou des societés, par lesquelles ils cédent ou prometent quelque chose ou par pure bienfaisance, ou en vue de plus grands avantages.

3°. Le Droit public des Etats, qui, les partagent en souverains & en sujets, détermine l'autorité des uns, & les priviléges des autres & dirige au plus grand bien le concert général des forces & des volontés.   D ij

4°. Le Droit civil, qui régle entre les concitoyens les obligations des personnes, & les dispositions des biens ; & y ajoûte la *sanction* des peines, pour contraindre les réfractaires & réprimer les offenseurs.

5°. Enfin, l'économie personnelle qui, toûjours subordonnée à la Religion & aux Loix, apprend à réunir l'agréable & l'utile, par l'intelligence des affaires, & l'aimable civilité.

Voilà tout le systême du vrai sage. Toute autre philosophie avilit l'homme au lieu de l'illustrer. Mais le morale est inseparable du physique : tout est lié dans les Sciences, comme tout se tient dans l'Univers.

Théorie de la Physique.

Une vraie Théorie Physique seroit, ce semble celle que l'on déduiroit d'un petit nombre de principes bien existans, mais qui n'auroient de cause immédiate que Dieu même ; comme si, par exemple, on faisoit tout dépendre de ces deux ou trois Propriétés primitives de tous les corps, la figure, la gravitation, & le ressort ; & que par des calculs fondés sur les faits, on expliquât également & les phénoménes particuliers, & la marche générale de la nature. Mais au défaut de principes suffisans, on se borne aux causes prochaines pour en tirer des régles palpables ; & la masse de ces régles peut se diviser en deux sortes.

1°. Les sciences sensibles, qui n'instruisent que d'après l'expérience. Telles sont la Chymie, l'Agriculture & la Médecine ; lesquelles se rapportent aux trois régnes de l'Histoire Naturelle.

2°. Les Mathématiques, qui de plus s'appuient sur la Géométrie, & sur le calcul. Telles sont la Méchanique, qui donne les

principes des forces en mouvement & des inſtrumens de toute
eſpéce ? l'Aſtronomie , qui , ſuivant l'ordre & le cours des aſtres,
dirige la Chronologie , l'Horlogerie & le Pilotage ? l'Optique ,
pour la lumiere & la magie des
couleurs ? l'Acouſtiqne , pour les
ſons & l'harmonie ? la Pyrotech-
nie pour l'artillerie & les feux
d'artifice : ce qui embraſſe le reſte
de la nature connue.

Il ne faut pas s'étonner que l'on
trouve tant de choſes reſſerrées
dans de ſi petits volumes : & qu'il
faille cependant tant de volumes,
pour ne ſavoir qu'imparfaitement
ces choſes. C'eſt qu'en effet la
Théorie Phyſique eſt trés-bor-
née ? mais elle ſuppoſe & rapelle
la connoiſſance des faits , qui eſt
immenſe.

Pratique des Sciences.

Mais la plus belle théorie ſeroit la plus miſérable vanité , ſi

l'on se bornoit à savoir sans agir, ou que les actions démentissent les connoissances. Or la pratique, je dis, la bonne & la seule sure, ce sont ces mêmes théories réduites en exercice, chacune selon son objet. Et c'est par-là que l'homme se conduit vraiment en homme, Chrétien & Philosophe, non en brute ni en automate, par sensation & par routine.

Pratique de Religion.

La pratique de la Religion, également éloignée de la superstition qui rend imbecille, & du fanatisme qui rend féroce, est pour les Pasteurs le gouvernement de leur Eglise, & l'administration des Sacremens ; pour les Docteurs la prédication & la controverse; pour les Bénéficiers la priere & la frugalité ; pour tous la foi éclairée, la piété solide, & la charité universelle. Mais celles-ci sont le principe &

la fin, le fondement & le faîte de l'édifice éternel : car sans elles, Dieu est oublié ou insulté ; le Controversiste aigrit au lieu de convaincre ? le Prédicateur amuse au lieu de toucher ; le Confesseur égare au lieu de diriger ; le Bénéficier scandalise au lieu d'édifier ; le Pasteur s'endort, ou gouverne avec le sceptre, qui dans des mains de paix ne fait que des hypocrites ou des rebelles ; & les Brebis étonnées se divisent, ou ne se rapprochent que pour s'entredéchirer. La Religion ne prêche que l'ordre & l'amour ; elle n'ôte point la raison, mais elle l'épure & l'annoblit, elle ne détruit pas les hommes, mais elle en fait des Saints.

Pratique de la Morale.

La morale humaine n'est point le Christianisme, mais elle ne peut le contredire, elle vient du ciel, comme lui. La pratique de
la

la morale, c'est la justice, qui comprend également la piété & l'humanité, & dans ces deux, toutes les vertus.

La piété adore Dieu avec le respect profond d'une foible créature pour le Maître éternel de l'Univers, & la tendre confiance d'un fils honnête pour un bon pere.

L'humanité active & généreuse, cherche son bien être dans l'avantage des autres, & selon ses rapports differens, elle prend plusieurs noms.

1°. La probité, qui est la justice rigoureuse due à tous les hommes, ce qui semble présenter une idée plus étroite, puisqu'elle semble bornée à tenir sa parole & ne point faire tort.

2°. La politique moins générale encore, puisqu'elle suppose les hommes divisés d'intérêts. C'est l'art de procurer à sa nation les plus grands biens, sans interrompre l'amitié avec les étrangers. C'est l'art propre des Ambassadeurs.

3°. Le Ministére, qui a pour objet d'unir si étroitement la dignité du Souverain, & l'intérêt des Peuples, qu'en étendant les ressources de l'Etat au profit des particuliers, les talens des particuliers concourent à la gloire de l'Etat, & que les Finances soient un moyen, non de destruction, mais de force & d'embonpoint.

4°. La Législation, qui étudiant le génie & la position des peuples, leur fait trouver les loix nécessaires & l'obéissance douce. À sa suite sont la Magistrature, qui, exerçant une portion de la souveraineté, aplique l'autorité des loix au maintien de la paix intérieure & de l'ordre public ? & la Procédure, qui, instruite des loix & des formalités judiciaires, aide les particuliers à soutenir leurs droits devant ses Tribunaux.

On pourroit, ce semble, parler ici de l'éloquence, mais j'ose
à peine la compter dans les Arts
moraux, parce que je n'y vois en
tout qu'une imagination qui en
maîtrise d'autres, & un talent
équivoque qui sert également le
mensonge & la vérité, le vice &
la vertu.

5° L'économie domestique,
qui travaille à mettre chez soi,
l'ordre & l'aisance relative à son
rang, au point de pouvoir encore
aider l'état, & soulager les malheureux.

Cette partie a deux annexes
importantes ? la pédagogie, ou
l'art de disposer les enfans à devenir des hommes sages & vigou-
reux, utiles & agréables ? & la
politesse, qui paitrie de modestie
& de complaisance, rend les autres aussi contens d'eux que de
nous.

Voilà les produits de la théorie
des mœurs.

Pratique de la Phisique.

Le but de la morale eſt la vertu ; celui de la phiſique l'induſtrie. Ici le détail eſt infini ? puiſque l'activité humaine a formé autant d'arts , que la nature libérale lui a préſenté d'objets. Mais pour ſe mettre à l'aiſe , on peut les ranger tous ſous quatre ou cinq claſſes.

1°. Les arts phyſiologiques , qui opèrent ſpécialement ſur les qualités des corps & leurs effets.

2°. Les arts mathématiques, ſur les quantités & leurs rapports.

3°. Les arts manouvriers , ſur les formes & leurs uſages.

4°. Les arts d'imagination , dont le mérite eſt de bien copier la nature.

5°. Enfin les arts d'exercice , qui mettent en méthode nos mouvemens ſpontanés.

Arts Physiologiques.

Les Arts Physiologiques font l'Agriculture, la Chymie & la Médecine.

Je mets avant tous l'Agriculture, parce que c'est sa place, parce que c'est le plus respectable & le plus nécessaire des arts, je dirois encore, le plus agréable, si le luxe n'avoit corrompu les vrais gouts de la simple, belle & sage Nature. Si vous ne voyez dans l'Agriculture, qu'un misérable au bout d'une charrue , & des Bœufs qui fillonnent pesamment un champ qui n'est point à lui , vous n'en avez point d'idée. Il s'agit de connoître la nature des terres & de les améliorer, d'y adapter les plantes & de perfectionner leurs fruits , de multiplier les troupeaux & de nous orner de leurs dépouilles : les forêts comme les vergers s'embelliffent par ses foins , le vin & le

miel font fes dons ; la Botanique lui demande les fimples ?
les Manufactures fa foye, fes
laines & fes Chanvres ; la Chaf-
fe & la Pêche font de fa dépen-
dance. La Campagne produit
tout ; les Villes ne font que confumer. Qu'on me pardonne cet
éloge, j'écris au milieu du plus
riant & du plus riche payfage.

La Chymie ne préfente de même à l'efprit inattentif, qu'un
homme fale auprès d'un four-
neau ? mais outre fes découvertes
en Phyfique, & fes remédes en
Médecine ; la poterie depuis la
cruche du Payfan jufqu'à la plus
brillante Porcelaine, la Verrerie
& fes Glaces ; la Métallurgie &
fes Emaux ; la Teinture & fes
couleurs ; la Diftillation & fes
parfums, ne font que des parties
de cet art important.

La Médecine, dont on peut
dire trop de bien & trop de mal,
fe partage en Diétetique ; Phar-

maceutique, & Chirurgicale; &
de là trois professions moins nécessaires par nos infirmités, que
par nos excès. Ce sont eux qui
compliquant sans cesse les principes de nos maux, rendent dan-
gereuse la pratique d'un Art, dont
la Théorie ne peut se fixer.

Arts Mathématiques.

Les Arts Mathématiques sont
la Méchanique, l'Architecture,
la Marine, & la Guerre.

La Méchanique est l'art des
instrumens pour l'Astronomie,
l'Hydraulique, la Musique, les
Métiers, &c. L'Horlogerie n'est
qu'un de ses emplois; & ses jeux
font des prodiges. Rien ne rend
plus sensible, combien l'homme
est supérieur aux bêtes, & combien l'adresse l'emporte sur la force. Tout lui cède, & la nature
semble se plaire à lui obéir.

L'Architecture dans l'usage
commun n'est guère qu'un peu

de Deſſein, de Maçonerie & de Charpente. C'eſt dans les Ponts & Chauſſées, dans les Temples, Places & Spectacles publics qu'elle peut developer ſon genie, quand la magnificence lui permet de travailler en grand. J'ajouterois les Fortifications, ſi elles n'en differoient par leurs principes, autant que par leur objet.

La Marine comprend la Conſtruction, le Pilotage & la Manœuvre; que ne comprend-elle pas? Un Vaiſſeau en mouvement eſt le chef d'œuvre de preſque tous les Arts; une machine qui étonne, même celui qui l'a faite, & celui qui la dirige.

La Guerre eſt par excellence l'art de la gloire dans l'idée de tous les peuples, moins ſans doute par les dangers où il expoſe, que par l'amour généreux de la Patrie qui les fait braver; moins par les connoiſſances qu'il exige,

que

que par le génie qui le guide. On ne l'apprend ni dans les Salles d'armes, ni au Manége. La Fortification & l'Artillerie ne font que ſes ſervantes. C'eſt la combinaiſon des marches, le choix des camps, la mobilité des troupes ; c'eſt une méchanique d'un ordre ſublime & tranſcendant, qui emploie des multitudes d'agens animés, contre d'autres agens ſemblables, où les forces des corps ſont en raiſon des ames, & où l'inertie même ſe calcule.... Mais de quoi vais-je parler ? Il ne convient qu'aux héros de révéler leurs ſecrets ; j'oſerai ſeulement dire qu'un militaire ſans amour de la Patrie & ſans talens, n'eſt qu'un artiſan armé qui expoſe ſa vie dans une campagne, comme le couvreur ſur un toit.

Arts Manouvriers.

J'ai compté les autres ; ici le nombre eſt celui de nos beſoins multiplié par nos caprices ; le pays où il y en a le plus, est donc le pays le plus industrieux; mais non pas le plus sage, à moins qu'il n'en fasse une ressource pour subsister. Le Bois seul occupe plus de dix sortes d'ouvriers, le Bucheron & le charbonnier, le Sabotier & le Scieur de long, le Charpentier & le Ménuisier, le Charon & le Tonnelier, le Sculpteur & le Tourneur, l'Ebéniste, &c. Je dis donc en trois mots : il y a des arts de nécessité, comme la Ferronerie ; de commodité, comme l'Imprimerie ; de pur luxe, comme les Modes. Après cela, que l'on se donne la peine de parcourir les atteliers divers, il n'en est pas un qui ne soit digne d'attention par l'invention des machines, ou par l'adresse des mains.

Le Commerce est moins un art que l'agent des arts : il fournit aux Manufactures les matiéres,

& met en valeur les produits. Il doit connoître les prix des cho-ses brutes & façonnées, les faci-lités des transports, & le cours d'argent, pour chaque lieu ; c'est sa partie historique ; sa Théorie est toute de calcul, & sa pratique d'activité, pour multiplier ses ventes, & hâter ses payemens, & mettre son crédit au dessus de ses fonds.

Arts d'imagination.

Ces Arts d'imagination sont la Musique, la Peinture & la Sculpture ; amusemens, souvent trop estimés, du loisir & du gout.

La Musique faite pour expri-mer par les sons la nature & les sentimens, emprunte des Ma-thématiques les principes de l'harmonie, & de l'imagination la mélodie des chants ; c'est par leur concours, qu'elle va jus-qu'à l'enchantement ; mais le simple exécuteur n'est qu'un agréable manœuvre.

La peinture travaillant d'après l'histoire & la nature, compose ses sujets de génie, & ajoûte au dessein la séduction des couleurs, & les finesses de la perspective; fruit d'une étude longue & de talens heureux.

La Sculpture plus bornée, parcequ'elle est plus asservie à sa matiere, tire son plus grand mérite, du choix des attitudes, & des ornemens dont elle enrichit l'Architecture. Elle s'annobliroit si au lieu de nous retracer sans cesse les folies de la Fable, on l'employoit d'avantage à consacrer la memoire de nos grands hommes.

Arts d'Exercice.

Les Arts d'exercice, les seuls que notre Education admette, sont la Danse, les armes & le Manége. La Course & la nage, dont les anciens faisoient tant de cas, sont abandonnés au vil peuple ; la Paume paroit trop fatiguante, & la Chasse est devenue mesquine, depuis que les Nobles ont dédaigné leurs Châteaux pour s'enterrer dans les Villes.

Le manége est en honneur, comme il le mérite.

La Danse donne des graces ; & la Nature l'a inspirée comme le chant à tous les peuples.

Les Armes sont nécessaires chez un peuple qui porte des armes au milieu de la paix, & où il est toleré que l'on s'égorge avec un étourdi.

Mais quand on pense que la Jeunesse apprend à danser jusqu'à vingt ans pour ne plus danser à trente, & savoir à peine marcher à quarante ; & qu'elle apprendroit les fortifications, l'artillerie, & tous les exercices de la guerre dans le temps qu'elle

employé à faire des Armes, qui
fervent fi peu à la guerre ; on a
droit de s'étonner que les hommes mettent tant de perfection
& de foins à deux exercices qui
ne rendent l'homme ni aimable
ni guerrier. Tant il importe de
donner à chaque chofe fon vrai
prix, & de n'eftimer les Arts &
les talens, qu'à proportion qu'ils
font eftimables & utiles à la Patrie.

Je n'ai pu me refufer d'être un
peu long dans cet article, parce
que j'aime tous les arts, & pour
faire fentir combien il y a de
chofes dont on ne donne pas même les premieres idées. N'eft-on
donc fait que pour apprendre un
peu de Latin & de Dialectique?
Faut-il y confumer les plus pré-
cieufes années de la vie ? De quoi
cette richeprovifion fervira-t-elle
à la fociété ? A quel emploi pourront afpirer ces enfans qui nous
font fi chers, pour qui nous fai-

fons tant de projets ? Eſt ce là ce qu'attend la Patrie ? & une Nation ſi éclairée, ſi glorieuſe a-t-elle pû s'en contenter ?

Concluſion.

A préſent nous avons un grand point de vue, un tableau géné-ral, & ſi je ne me trompe, aſſez méthodique des Connoiſſances humaines. C'eſt par les faits qu'il faut commencer, je le répéte en-core ; mais cela n'empêche pas qu'on ne puiſſe dès lors, & mê-me qu'on ne doive jetter à pro-pos, & autant de fois que l'occa-ſion le permet, quelques ſemen-ces de Théorie. L'on ne peut trop-tôt montrer à l'eſprit qu'il y a des régles à ſuivre ; & encore convient-il qu'elles ſoient plus en autorité qu'en raiſons parce qu'il eſt plus ſimple d'obéir que de rai-ſonner ; & qu'on les rende ſenſi-bles par quelques remarques pra-tiques, ſoit ſur les choſes, ſoit

sur les personnes ; ce qui regarde
sur tout la Religion & les sentimens, la décence & la santé, qui
sont d'usage dès les premiers instans, & dans tous les instans. Ceci est une affaire de prudence &
de zele, des plus importantes sans
doute, mais qui dépendant pres-
que toujours de circonstances
momentanées, ne peut être sou-
mise à des régles.

L'on ne peut régler que l'ordre & la distribution des études,
& il faut suivre non seulement
l'ordre & l'importance des choses, mais aussi, & encore plus, la
force & le progrès des facultés.
D'abord voir les choses purement
sensibles, d'imagination, & les
masses avant les détails ; ensuite
celles de sentiment réflechi & de
simple raison ; & puis celles de
combinaison & de preuves, comme les plus mal-aisées : les tem-
perer alors même par les autres,
les varier toutes par des exercices

de Corps qui délaſſent & amu-
ſent, ſoutienent & fortifient ; ne
point ſe précipiter pour avancer;
aller toujours au but, ſans s'égarer ; mais en ſe prêtant de bonne
grace à tous les détours qui en
facilitent l'approche.

Il s'agit donc à préſent de ré-
partir chaque choſe ſuivant les
temps ; enſorte qu'un jour pré-
pare à l'autre ; que l'étude d'u-
ne année ſoit le commencement
de la ſuivante ; & que les der-
nieres leçons ne ſoient conſtam-
ment que des développemens
des premieres.

Par-là les Etudes inſtrumentales ainſi que les eſſentielles mar-
cheront comme de front, & à
peu près ſur une même ligne,
s'élargiſſant peu à peu, avec proportion, ſans effort, ſans retour
en arriere, jamais au dela de ce
que le génie des ſujets pourra
ſaiſir & conſerver ; mais autant
qu'il faudra, pour qu'aſſez pleins

de faits furs & des bons principes, ils puiffent de bonne heure commencer à agir, étendre eux mêmes leurs connoiffances, fortifier leur raifon, & perfectionner leurs mœurs. Heureux les Eléves qui feront parvenus à favoir fe fentir, lire, réfléchir & confulter! Heureux les Maîtres qui pendant les premieres années auront pu les conduire jufques-là; plus heureux ceux qui pourront dire: ce jeune homme ira plus loin que moi. Il n'eft encore parfait en rien, mais en état de le devenir. Ce feroit une grande erreur d'en vouloir d'avantage.

Fin de la premiere Partie.

DISTRIBUTION GRADUELLE DES ETUDES.

SECONDE PARTIE.

QUE l'on ne s'épouvante pas du vaste plan, que nous avons tracé : l'on va voir que la carriére n'est point impossible. Que l'on ne s'imagine pas qu'il n'en sortira que des esprits superficiels, confus & presomptueux : l'on n'est point superficiel, quand on a les grands & vrais principes; l'on n'est point confus, quand on étudie avec ordre ; l'on n'est point présomptueux, quand on ne sait que ce qu'il faut, & autant qu'il faut, pour entrevoir combien il reste encore à savoir.

Les détails sont immenses ; mais les principes sont bornés ;

& c'est surtout les principes qu'il
faut apprendre dans les premieres Etudes : les détails n'appartiennent qu'aux études de convenance. L'on puise dans les Éco-
les de l'enfance les connoissances
instrumentales, & les élémens des
sciences nécessaires ; & de bons
élémens ménent loin. Les grands
développemens ne sont pas de
cet âge, puisqu'ils doivent être
l'ocupation de toute la vie ; &
les Arts ne vont qu'avec ces développemens, puisque ce sont les
résultats des sciences même mises
en œuvre.

Selon la portée ordinaire des
Esprits, l'on n'est guére capable
de choisir un état avant seize
ans, ni de s'appliquer utilement
à rien avant huit. C'est donc à
huit ans que je commence, &
huit ans que je consacre aux premieres études ; & c'est aussi à peu
près le tems que l'usage commun fondé sur l'expérience y em-

ploye par tout, mais qu'il s'agit d'y employer autrement.

Jusques à huit ans l'Enfance est tendre, le corps délicat, & l'esprit foible. Beaucoup de mouvement, peu ou point d'application génante ; la plus grande liberté en tout ce qui n'annonce aucun vice de caractere : mais point d'amour aveugle, point d'admiration pour des gentillesses qui ne sont que des niaiseries ou des impertinences ; point d'indulgence pour les volontés de caprice, les petits airs impérieux, & la desobéissance opiniâtre. Que l'on s'accoutume à distinguer la vraie vivacité, qui est toute d'esprit & de sentiment ; de l'étourderie des propos, & de la pétulance des maniéres. Que l'on accoutume l'Enfant à écouter ses Maîtres, à obéir à ses Parens, à respecter les choses Saintes, à aimer le vrai, à s'aider lui-même, à étre courageux vis-à-vis des choſes, & modeſte vis-à-vis des perſonnes, à ſentir qu'il a beſoin de chacun, & que tout peut lui être refuſé : car c'eſt en effet ce qu'il doit faire & éprou-ver toute ſa vie ; & ſans cela point d'eſpérance qu'il ait jamais l'eſprit droit & l'ame forte.

Qu'il ſache lire & prononcér proprement ; écrire & ortogra-phier couramment, former les chiffres & les nombres, le plus petit catechiſme & les prieres communes, voilà toutes les pro-viſions qu'il lui faut pour entrer dans les Ecoles publiques, & ſi l'on pouvoit dès lors lui appren-dre un peu de Latin, par uſage, comme il apprend ſa langue en l'entendant parler, comme les Enfans de qualité apprennent le François en Allemagne avec leurs gouvernantes, que de peine & de temps épargnés !

Il nous faudra autre choſe qu'un Rudiment, des Dictionaires, & cinq ou six Auteurs Latins, qui ne sont même donnés que par lambeaux, l'on a du s'y attendre. Il nous faudra des Livres élémentaires dans tous les genres, & heureusement nulle nation n'est plus riche que nous à cet égard, mais si nous manquons de quelques Livres convenables à mon plan, il sera aisé d'y suppléer, & si je manque moi-même à indiquer les meilleurs, on en sera quitte pour rectifier mon choix.

Quelle facilité, quelle vivacité n'aurions nous pas aujourd'hui dans les premieres études, si les hommes plus zelés peut-être qu'éclairés, à qui l'on doit tous ces commentaires sur les Livres Latins classiques, *ad usum Delphini*, eussent étendu leurs vues, & donné à la France d'excellens Elémens proportionnés à tous les degrés de la Jeunesse, & sur toutes les parties des sciences. Ce beau préfent les auroit mieux éternifés : mais le fiécle précédent auroit trop de gloire, s'il n'eut pas laiffé quelque chofe à faire au nôtre, & un travail fi eftimable nous eft réfervé.

Reprenons donc notre plan générale, & fuivons-le.

PREMIERE CLASSE.

De huit à neuf ans.

Deux heures le matin & autant le foir.

Cet âge veut encore beaucoup de fommeil & peu d'etude à la fois. Enfuite on diminue l'un, & on augmente l'autre, à proportion que les organes fe fortifient, & que le travail devient habitude, mais dès ce moment il faut que tout foit réglé & que chaque heure ait fon emploi, à la Maifon, comme à l'Ecole, pour l'amufement comme pour l'étude.

SCIENCES NÉCESSAIRES.

Religion.

Ce sera toujours la premiére leçon & la leçon de tous les jours. Est-il concevable que jusqu'à présent l'on n'ait pas senti que cela devoit être, & que des gens, qui se croyent ou se disent les boulevards de la Religion, soient restés en possession de la négliger. N'est-il pas scandaleux que les jeunes gens parlent si hardiment de Religion dans le monde, & qu'ils en soient si peu instruits, ou qu'ils puissent s'imaginer qu'elle n'a pas de meilleurs fondemens que ce qu'on leur en a appris ?

L'on commencera par faire apprendre aux Enfans le petit Catéchisme de Fleury, il est vraiment substantiel, au dessus de tout éloge, & fait exprès pour mon plan. C'est à de tels hom-

mes qu'il convient de faire de
petits abrégés, mais s'il étoit
permis de toucher à un morceau
si précieux, l'on ajouteroit à la
partie historique trois ou quatre
leçons sur les Conciles & les Peres, & autant à la partie Dogmatique sur la Grace, les absti-
nences & les Fêtes.

Morale & Physique.

Nous avons *le Livre des En-*
fans. C'est une idée excellente,
que l'on peut perfectioner. L'objet est de donner des notions net-
tes & simples de ce qu'il y a de
plus important, & de plus commun dans la vie ; de ce qu'on
doit voir, ou de ce qu'on voit
sans le connoître.

Connoissances instrumentales.

GRAMMAIRE.

La Grammaire la plus simple est
à coup sûr la meilleure, mais on
ne peut trop rester sur les détails

L'on enseignera la Grammaire Latine ; mais on commencera par la Françoise, parce que c'est la plus nécessaire ; parce qu'il est plus aisé de l'entendre ; parce qu'on entendra mieux l'autre, en comparant leurs rapports & leurs différences. Et puisqu'on n'apprend les langues qu'autant qu'on en sait les mots, la prononciation de ces mots, leurs inflexions & leur arrangement selon le génie de ces Langues, il n'y a qu'une bonne maniere de procéder.

D'abord bien connoître les différentes sortes de mots dont est composé le langage, & les modifications dont ils sont susceptibles. Il faudroit toujours l'apprendre par la suite ; & s'en donneroit-on la peine, lorsqu'étant parvenus à parler de routine, l'on pourroit s'imaginer que ces distinctions ne sont que pédantesques & superflues : interrogez l'expérience. La Grammaire décide d'ailleurs le principe, & peut-être l'essentiel de la Logique des idées. *La Grammaire générale & raisonnée* donnera sur cela de bonnes ouvertures.

2°. Apprendre autant de mots qu'il est possible, & surtout des choses usuelles. Le nouvel *Indiculus universalis*, est fait dans cette vue. Ainsi qu'à chaque déclinaison, l'on prescrive plusieurs mots à traduire pour la leçon suivante ; & de même aux Conjuguaisons : mais il suffira de décliner & de conjuguer, & même de dire ces mots de vive voix. Ensuite que l'on sache exactement les pronoms, les prépositions & conjonctions. Ces mots se répetent sans cesse dans le discours. Rien n'aidera d'avantage à hâter les progrès.

3°. Voir dès lors les Régles générales de la Prosodie latine ; elles sont en très-petit nombre.

l'usage & le temps feront le reste.
Il faut au moins marquer les syl-
labes longues & les brèves dans
une languedont la prononciation
& l'accent nous sont inconnus ;
mais où les fautes de *quantité* empêchent de lire les Poëtes & chan-
gent le sens des mots. Nous n'en
sommes pas là pour notre langue ; Cependant la plupart des
Provinciaux la prononcent plus
mal que les Ftrangers ; & des
François manquent également
notre prosodie & notre accent ;
est-il excusable que l'on y fasse si
peu d'attention ?

4°. Réduire la Syntaxe Latine
à ses vrais principes. Si l'on se
donne la peine de consulter la
Minerve de Sanctius, & la *Grammaire raisonnée* (*Philosophica*) de
Scioppius, on se convaincra que
douze ou quinze règles fixes &
sans exceptions suffisent pour faire face à tout. Il est bien étonnant
que des ouvrages si heureusement

travaillés, n'ayent pas encore détruit ou rectifié tous les autres de cette espèce.

5°. A chaque régle de Syntaxe appliquer des exemples Latins, courts, mais multipliés, & que l'on fera tourner en François, pour inculquer les régles & accoutumer aux phrases. On a les Sentences de P. Syrus ; les Pensées de Ciceron choisies par M. l'Abbé d'Olivet ; les Maximes de Salomon & autres de l'Ecriture Sainte. Il n'est pas encore tems de rien tourner en Latin, parce qu'il faut des matériaux avant que de batir.

Arithmetique.

Elle doit être bornée aux trois premières régles, & ne commencer qu'après les premiers mois. Il suffira qu'à la fin l'on soit ferme sur ce que l'on nomme Livret de multiplication, & aussi exercé à en diviser les nombres, qu'à les

multiplier. On ajoutera aux opérations en chiffres, qui doivent
être simples, les Signes & les Lettres de l'Algèbre, pour que ce
mot ne soit plus un épouvantail.

A vec cela, que l'on fasse écrire chaque jour une des leçons du
Catéchisme, ou du livre des Enfans, pour former la main à bien
peindre & assurer l'Ortographe ;
c'est tout ce que je demande
pour cette premiére année, & ce
peu suffit.

Il n'y a point à présent d'exercices à leur prescrire. Qu'ils fassent ce que la Nature leur sug-
gére ; qu'ils sortent, se promé-
nent, sautent, courent & tom-
bent tant qu'il leur plaira, pour-
vû que ce soit en lieu où ils en
soient quittes pour se relever; même l'hyver, s'ils aiment mieux se
remuer à l'air froid que d'être
tranquilles auprès du feu, ce qui
ne manque jamais d'arriver. Ils
feront bientôt forts, & point en-
rhumés.

SECONDE CLASSE.

De neuf à dix ans.

Deux heures & demi le matin ;
deux heures le soir.

SCIENCES NÉCESSAIRES.

Religion.

Le Catéchisme de Fleury, le
même que l'année précédente,
mais en Latin.

Il faudroit des instructions
plus longues sur la Confession &
la Communion ; mais comme les
Parens croyent avoir de bonnes
raisons pour y préparer leurs Enfans, les uns plutôt, les autres
plus tard ; cela sort de mon plan.
D'ailleurs comme on doit fré-
quenter son Eglise, & connoître
son Pasteur, rien n'est plus dé-
cent que d'aller aux Catéchis-
mes de Paroisse sur ces deux importans & redoutables Sacremens.

Physique.

Le livre des Enfans, aussi en Latin. Il sera aisé d'entendre ces deux ouvrages, puisqu'on les sait en François, & que la Grammaire est apprise ; mais pour plus grande sureté, il convient que les Enfans soient préparés à expliquer ce qu'ils récitent.

La Géographie moderne, & ensuite une idée de l'ancienne, comparée avec la moderne. On pourra suivre la *Geographie des Enfans de Langlet du Fresnoi.* Mais il faut absolument qu'il y ait des Cartes. Point de Geographie sans Cartes : on ne l'apprend solidement qu'à force de les voir, & le travail en est incomparablement moindre. Point de Sphére que le globe terrestre. La Sphére armillaire, qui est l'ancien systéme du Ciel, de Ptolomée, n'est plus d'usage en Physique : pourquoi s'obstineroit-on à la montrer ? Il eſt au moins inutile d'apprendre ce qu'il faudroit enſuite oublier ; & l'autre Sphére, qui eſt celle de Copernic, eſt encore trop forte pour cet âge. Les Enfans s'y tourmentent beaucoup, & y mordent peu. Il faut aller par dégré : c'eſt toujours la grande méthode.

Connoiſſances inſtrumentales.

LE LATIN.

Dialogues Latins ſur les choſes & affaires uſuelles, en phraſes courtes & ſimples. C'eſt le plus utile & ce qu'on retient le mieux; il faut les expliquer, les faire traduire & apprendre par cœur. Nous en avons beaucoup, mais aucun peut-être qu'il ne faille retoucher pour le fonds ou pour la forme. Ceux qui connoîtront bien les Comédies de Térence, les Epîtres d'Horace, & les Fables de Phédre, les Lettres de

Ciceron, de Senèque & de Pline, y travailleront avec succès. Et quand le Latin nous refusera des mots pour les choses modernes, il sera bien forcé d'en composer. Ce Livre élémentaire est un des plus importans.

L'Arithmetique.

Suivre la division, la régle de proportion & les fractions ; appliquer les exemples aux monnoyes, poids & mesures : ce sont des choses généralement trop ignorées. Faire les mêmes opérations en méthode Algébrique. On commencera à en sentir la commodité dans le jeu des fractions & des rapports.

Nous avons à présent quatre leçons de mémoire, deux pour le matin & autant pour le soir, & nous n'en aurons jamais d'avantage. Ne craignez pas que ces leçons fassent tort au Jugement ; au contraire elles le préparent,

De quoi jugera-t-on si l'on ne commence par connoître ? La mémoire est avide, & ne demande qu'à se remplir. Le Jugement est lent à se former ; le danger est de le trop presser. Quelques observations jettées comme par hazard, quelques questions faites à propos donnent plus de jour à l'esprit que ces dissertations déplacées, ces maximes verbeuses dont on a la mauvaise coutume de l'étourdir.

La Danse.

L'on peut à cet âge donner un Maître de Danse, mais seulement pour marcher. La juste position du Corps, le bon air à se présenter & saluer, en faut-il d'avantage ? Les Maîtres montrent le menuet, & éternellement le menuet : rien de plus beau ; un menuet bien dansé est le chef d'œuvre de l'Elégance & des graces. Mais où voit-on que le

Menuet soit une danse d'Enfans ?
cela est trop grave, trop solitaire
pour eux. Les Paysans l'enten-
dent mieux ; ils dansent pour se
remuer, pour sauter, pour rire.
Que l'on me donne des danses
composées pour le nombre ;
mais simples pour la figure, avec
des airs bien chantans, bien gays,
alors ce sera un vrai exercice, aussi
amusant qu'utile à la santé, sur
tout pour l'hyver, où l'on sort
peu ; & les Enfans ne se plain-
dront point qu'on leur dérobe le
temps de leurs récréations, pour
les ennuyer à faire toujours plate-
ment & tristement les mêmes pas.

TROISIEME CLASSE.

De dix à onze ans.

Deux heures & demi le matin,

autant le soir.

RELIGION.

Histoire Sainte. Nous en avons
beaucoup d'abrégés ; mais le

meilleur feroit un extrait fuivi des Livres Hiftoriques de l'Ecriture Sainte, formé autant qu'il fe pourra du pur texte, que l'on aura l'attention de faire expliquer, en marquant foigneufement le peu que l'on croira néceffaire d'y ajouter pour lier les faits, & en s'arrangeant de façon que l'ancien & le nouveau Teftament fourniffent des léçons à cette année & à la fuivante. Il ne faut pas gliffer trop legérement fur les Loix de Moife. Il y a un chef d'œuvre d'œconomie politique, dont les plus fameux Légiflateurs n'ont pas approché. Des Enfans de cet âge ne peuvent pas le fentir ; mais il leur en reftera une idée qui fervira dans la fuite.

Morale.

Une petite Hiftoire univerfelle. On peut fuivre celle que *LA Croze* a faite pour les Princes de

Sexe Gotta, en y changeant comme il convient quelques petits endroits ; ou celle qui est dans le
recueil intitulé, *Science des Gens
de Cour, de Robe & d'Epée*, ou
celle de *Buffier* avec ses Vers
Techniques. Cette sorte de Vers,
quoique peu goutée par bien des
gens, est cependant une vraie
Chronologie en rimes, & par
conséquent plus aisée pour la
mémoire. Or il n'y a point d'histoire sans Chronologie, non plus
que de Géographie sans Cartes.
Il faut absolument mettre dans sa
tête le double tableau de l'Univers, celui des lieux & celui des
temps, & voir sur le fond de son
imagination la ligne des grandes
époques, comme on parvient à
y voir le plan des pays & des
mers. Ainsi la Chronologie est
l'objet propre de cette année,
en avertissant des opinions diverses, mais sans les discuter.

Physique.

La Cosmographie. C'est ici le lieu de recourir à la Sphére de Corpernic ; sans se lasser de l'expliquer, jusqu'à ce qu'il ne reste plus de nuage. On a une Cosmographie très=suffisante dans la petite Physique intitulée. je ne sais pourquoi, *Grammaire des Sciences Philosophiques*, traduite de l'Anglois de *Benjamin Martin*. Et l'on consultera encore, si l'on veut, *l'Histoire du Ciel de Pluche* ; mais toujours en évitant les Systémes. Il ne faut que les grands traits de l'Univers.

Langue Latine.

L'on fera traduire des traits courts, dégagés des embaras, & toujours analogues aux leçons des sciences que l'on apprend alors, par conséquent tirés de la Sainte Bible & des Peres aussi bien que des bons Ecrivains profanes. Les Peres

Peres ont furement autant d'efprit que les plus beaux Génies
d'Athénes & de Rome. On ne
peut les connoître trop-tôt ; &
cela vaut mieux que de s'attacher
à un feul Auteur Latin, que le
plus fouvent même on n'achéve
pas. Cela fait fuite avec le refte
& accoutume aux différens fty-
les. On a les *Hiftoriæ Selectæ*, &
les *Latini Sermonis Exemplaria*, qui
fontdes recueils très-eftimables.
On a des morceaux choifis de
l'Ecriture & des Peres dans le
Bréviaire de Paris. Pourquoi ne
montreroit-on pas aux jeunes Fidéles, ce que l'Eglife fait réciter
à fes Prêtres au nom de tous les
Fidéles.

Je n'ai jamais compris que l'on
pût travailler férieufement à en-
feigner à des Enfans les *délices*
& Elégances, ou foi-difant telles,
d'une Langue morte, qu'ils n'en-
tendent point encore & qu'ils ne
fentiront jamais bien. Ne diroit-

on pas que l'ancienne Rome va renaître de ses ruines, & qu'au sortir du Collége, ils vont haranguer le Peuple sur la tribune, ou réciter des Poëmes à Auguste? Il s'agit d'entendre le Latin, non pour le Latin même, mais pour les choses utiles écrites dans cette langue, & de le parler, non pour devenir Préteur ou Consul, mais pour se faire entendre à des Etrangers qui ne veulent que nous entendre. Aussi est-il à propos d'exercer dès-lors, & même d'obliger les Enfans à parler Latin entr'eux & avec leurs Maîtres. La Grammaire, les petites Phrases & les Dialogues des deux années précédentes les y ont assez préparés.

Arithmetique & Géometrie.

L'on achevera l'Arithmetique, en poussant l'Algébre jusqu'aux Equations simples, & en proposant divers problémes interressans sur cet objet. Les *récréations ma-*

thématiques d'*Ozanam* en fourni-
ront des modéles. Quand on va
doucement & de fuite, le travail
eft leger. Ces jeunes têtes appren-
dront à fe faire un badinage du
calcul.

Enfuite on les initiera aux premiers Elemens de la Géométrie,
en fe bornant aux définitions &
aux petits Problêmes, pour les
façonner à la Régle & au Com-
pas. Les Elémens de *le Blond*, ou
de *Dechales* font plus que fuffifans
pour lors.

Mufique.

C'eft auffi le temps d'apprendre la Mufique, furtout l'inftru-
mentale, qui demande des doigts
fouples & du rems ; mais il eft effentiel de commencer toujours
par la Vocale: car quand on connoit la Notte, la Méfure & le
Mouvement, l'Oreille & l'Oeil
font libres ; il n'y a plus que la
main qui travaille, & le progrès
devient fenfible.

QUATRIEME CLASSE.

De onze à douze ans.

Les heures, comme l'année précédente.

RELIGION.

Suite des extraits de l'Histoire Sacrée, comme ci-dessus.

On y verra comment le Peuple Juif qui auroit dû cent fois être anéanti, mais qui avoit le dépôt des Oracles, & dont le Christ devoit sortir, s'est toujours relevé & soutenu, jusqu'à ce que le Mistère du salut a été manifesté au monde, & que l'Eglise s'est établie sur les ruines de la Synagogue.

Morale.

L'Histoire Ancienne. Souvenons-nous que c'est pour apprendre par cœur, toujours une table Chronologique & des Cartes devant les yeux ; & qu'ainsi elle doit être très-courte, d'environ 200. pages au plus, par conséquent très substantielle, & plus en observations qu'en récits. L'immortel *Discours sur l'Histoire universelle de Bossuet* est sans doute un modéle en ce genre. On remarquera comment les Peuples se sont formés, divisés, réunis. Comment les uns ont subjugués les autres, & ont ensuite été subjugués eux-mêmes ; quels hommes & quels événemens ont le plus contribué à ces grandes révolutions, & quelles influences ont eu mutuellement les unes sur les autres la politique & la Religion, les Sciences & les mœurs.

L'on ne fera qu'une mention très-legére des Fables des Grecs adoptées par les Romains, & simplement comme d'une partie de leur Littérature ou de leur Réligion. J'en demande pardon aux Amateurs de la Mithologie ; mais un objet si extravagant, &

qu'il seroit plus qu'inutile de connoître sans le goût servile des sta-
tuaires & des Peintres qui n'ima-
ginent rien de mieux que de nous
les répéter, ne doit pas occuper
sérieusement un temps court &
précieux. Celles qui sont évidem-
ment morales font corps avec les
apologues d'Esope & de Phédre;
& dans ce point de vue, l'on en
fera des lectures agréables & ins-
tructives, comme nous le dirons
dans la suite.

Physique.

L'Histoire naturelle des trois
Regnes. C'est encore ici un ouvrage à faire.

Les Allemands ont mieux étudié les minéraux, parce que leur
Pays les invite naturellement à
ce travail. L'on suivra donc, si
l'on veut, la méthode de *Carthew-*
ser, ou de quelqu'autre ; mais les
leçons sont totalement inutiles en
ce genre, si l'on n'a des échan-

tillons des principales espèces : & si on en excepte les Pierres précieuses, c'est une très-petite dépense. Le plus important peut-être est de bien connoître les terres, puisque c'est l'essentiel de l'Agriculture. Dans les Provinces où il y a des Mines, comme la Lorraine & le Dauphiné, &c. on aura soin d'appuyer davantage sur cet article.

Il en sera de même des Plantes. Il faut un Herbier ; & en se bornant aux Plantes les plus usuelles, le volume ne sera pas immense. On peut donner une idée des Méthodes de *Tournefort* & de *Linnæus* ; mais comme nous visons toujours moins au curieux, qu'à l'utile du moment, il vaudra mieux, après quelques observations sur la Végétation & la Greffe, les ranger selon leurs qualités comme Remédes & aussi comme Alimens, ce qui est peut-être beaucoup trop négligé, &

l'on pourra suivre Boerhaave, ou Chomel, &c. d'autant plus que l'on ne les diſtingue bien ſurement qu'à force de les voir. A préſent les promenades deviennent un exercice autant pour l'Eſprit que pour le Corps ; & toute la Campagne devient un Jardin de Botanique.

L'Etude des Animaux ſera encore plus reſtrainte. Les grandes Ménageries ne ſont que pour les Princes, & les grands Cabinets que pour les Capitales. On n'eſt pas à portée d'en jouir : & tout cela même eſt très incomplet, quoique ſouvent trop chargé. Car deux cents Papillons & autant de Coquillages, qui ne différent que par leurs nuances, n'inſtruiſent pas plus ſur la nature de ces animaux, que deux cents variétés de Marbre ſur celle des Pierres Calcaires. Il eſt permis de s'amuſer des couleurs, mais les Moutons, les Vers à ſoye, les
Abeilles,

Abeilles, &c. font vraiment dignes d'une fage attention. M. de
Reaumur & de *Buffon* nous préte-
ront ici de grands fecours ; c'eft
là de ces hommes qui favent voir
& dire ce qu'ils ont vu.

LE LATIN, *comme l'année précédente.*

Les bornes étroites que nous
donnons à nos abrégés d'Hiftoire, ne nous permettent pas de détailler aucun trait. Nous pouvons
trouver ici un fuplément, en choi-
fiffant pour traduire les endroits
les plus intéreffans : & il y a une
manière de les rendre infiniment
utiles ; c'eft de demander aux
Eléves ce qu'ils en penfent, jufqu'à ce que quelqu'un rencontre
bien, en les engageant à parler,
plutôt qu'en parlant foi-même.
S'il y a un fecret pour développer leur Raifon & hâter leur jugement, je crois que c'eft cela.

La Geometrie.

L'on continuera les Elémens
en finiffant par la Trigonométrie
L

Rectiligne, & en joignant partout, autant qu'il se pourra, la pratique aux régles, en grand & sur le terrain, pour ôter la tentation si naturelle de dire : à quoi tout cela sert-il ? L'on pourra suivre pour cette partie & les suivantes le petit *Cours de Mathematique* de *Volff*, que nous avons en François, ou en chercher un meilleur. Lorsqu'on aura conduit un Enfant, jusqu'à la fin des élémens d'Algébre & de Géométrie de *Clairaut*, il saura sur ces deux objets tout ce qu'il faut savoir.

Dessein.

On commencera, si l'on veut, les premiéres leçons du Dessein, par l'ornement & les fleurs, pour prendre une idée du Trait & des Ombres ; ensuite un peu de Figure ; moins pour prétendre y réussir à un certain point, ce qui demande un travail long & assidu, que pour apprendre les pro

portions du corps humain , &
ſaiſir les attitudes.

CINQUIÉME CLASSE.

De douze à treize ans.

Mêmes heures.

RELIGION.

L'on a parcouru l'hiſtorique
des Livres Sacrés , il faut paſſer
aux Prophêtes ; & puiſqu'ils ont
compoſé d'avance l'hiſtoire de
Jeſus-Chriſt & de l'Egliſe , il paroît convenable de former la ſui-
te des extraits , moins ſelon l'âge
de ces écrivains inſpirés , que ſelon l'ordre des faits. On y verra
avec admiration la ſublimité des
idées & l'exactitude des rapports,
fondemens ſenſibles de la Religion établie par l'eſprit ſuprême,
ſeul capable d'annoncer l'avenir,
parce que tout eſt préſent pour
lui.

Cela n'occupera que quelques
mois; & enſuite l'on commence-

ra l'Histoire Ecclésiastique, juſ-
qu'à l'Epoque de la paix de l'E-
gliſe ſous Conſtantin. On pourra conſulter ici, comme pour les
autres parties, les *Principes de
l'Histoire de Langlet-du Freſnoi.*
Nous avons de plus *l'abregé Chronologique de Macquer*, &c. mais je
demande cet ouvrage en Latin,
parce qu'il s'agit de la Religion,
& que cette langue lui eſt conſa-
crée ; ſeulement on continuera
de faciliter les Leçons par une
explication légére. (*Morale.*)
L'Histoire moderne, auſſi abre-
gée que l'ancienne, mais auſſi
pleine d'objets réellement importans. Les Nations libres du
nouveau monde préſentant comme les premiers hommes connus
des images du Droit naturel, mé-
ritent à cet égard une attention
particuliere. Outre *Langlet du Freſnoi*, nous avons un Ouvrage bien
ſupérieurement écrit ; c'eſt l'A-

bregé de *l'Histoire universelle de M. Voltaire*; tout y est réfléchi, & tous les traits peignent; seulement comme on travaille pour des Enfans, il faut éviter toute insinuation, tout point de vue, d'où peuvent leur naître des difficultés que l'on n'a pas alors le loisir de résoudre.

Physique.

Nous allons commencer un cours de Physique expérimentale; & M. l'*Abbé Nollet* sera notre principal guide; mais nous nous bornerons pour cette année aux propriétés communes des corps, à ce qui regarde en général l'eau, l'air, le feu, & la lumiere. Il nous faut ici quelques machines, & une main un peu exercée à s'en servir.

Mathematique.

La Méchanique se place naturellement à côté des premieres leçons d'expérience physique. Ces deux études s'apuyent & ne en font qu'une ; mais il faut voir toutes les machines que l'on peut & les faire jouer soi-même.

Deſſein.

Le Deſſein marchera auſſi de concert avec elles, en s'occupant des Machines & de l'Architecture. On trouvera des Machines à choiſir dans le beau recueil que l'Académie des Sciences a autoriſé de ſon approbation ; mais le mieux ſeroit d'avoir des modèles en petit, & l'excellent de les deſſiner d'après Nature. Quant à l'Architecture, je dois obſerver ici, puiſque l'on s'y méprend quelquefois, que c'eſt l'entente des touts & la diſtribution des parties, relativement à l'emplacement & à la deſtination des Edifices, qui conſtituent l'Architecture, & non les cinq Ordres, qui n'en ſont que l'ornement. Il faut donc s'exercer ſur les plans réels, plus que ſur les élévations de parure.

Le Latin.

Le latin va toujours pareillement aux autres Etudes. Nous en sommes à l'Histoire Moderne ; nous en donnerons quelques traits quelques descriptions, quelques éloges à tourner en Latin, sans abandonner absolument les Versions en François. Je ne commence qu'à présent à faire écrire en Latin ; parce qu'à present les Enfans ayant traduit & parlé lóngtems en sont à peu près capables, & que plutôt ils ne s'y fussent essayés qu'avec dégout & sans fruit.

SIXIEME CLASSE.

De treize à quatorze ans.

Les heures comme auparavant.

Religion.

Suite de l'Histoire Ecclésiastique, jusqu'à notre Siécle.

La Doctrine souvent attaquée ou par les violences des Persécuteurs, ou par les illusions des Hérétiques, & toujours défendue par l'autorité des Conciles Géné-

raux, & par les écrits des Saints
Docteurs : La discipline asservie
par l'orgueil, ou corrompue par
le luxe, & toujours rappellée par
le zèle des Chretiens éclairés ; ce
font les deux grands objets de
cette Histoire ; où les écarts & les
troubles n'empêchent jamais de
voir la perpétuité de la foi, & la
pureté des mœurs de l'Evangile.
Morale.

L'Histoire de France. On a
la petite Histoire de *Châlons*, qui
n'est peut-être pas assez lue, &
l'Abregé de M. *le Président Henaut*,
qu'on ne lira jamais trop. Mais le
point le plus important dans un
espace si serré, est, si je me trompe, d'y marquer la trace de notre
droit public, si peu apperçu dans
nos grandes Histoires, & généralement si negligé parmi nous.
On aura toujours assez le temps
de voir le sang ruisseler dans les
Batailles, & d'y compter le nombre

bre des morts. Il faudroit même réserver quelques Leçons pour le Blazon. Ce sera une occasion d'indiquer les principalesFamiles & les Terres titrées du Royaume.

Physique.

L'on continuera la Physique expérimentale ; & cette année sera toute occupée par la Chymie, la Végétation & l'Anatomie. La distillation & l'extraction des Sels ; le développement des Germes, & l'organisation des Plantes ; le Méchanisme général & la nutrition du Corps humain peuvent être partagés avec un tel soin, que l'on en prenne des notions assez lumineuses.

Mathématique.

L'on verra les principes de l'Optique, qui donnent ceux de la Perspective ; & l'Acoustique, qui donne la Théorie des Sons & les fondemens de la Composition Musicale. Les Jeunes gens pourront déja faire entr'eux de petits

M

concerts, & voir les atteliers &
manufactures. On peut assurer,
je crois, qu'ils s'y intéresseront,
& que cela vaudra bien pour eux
les Marionnettes, &c.

Dessein.

On dessinera des Plans Ichno-
graphiques, & des Paysages: tout
cela va de suite.

Le Latin.

Comme l'année précédente.
On pourroit de plus s'exercer à
écrire quelques Lettres en Latin
sur des sujets donnés.

La Danse.

C'est le temps d'apprendre si
l'on veut, le Menüet & les Con-
tredanses de mode, puisque nous
touchons bientôt à celui où l'on
se hâte, & trop mal à propos
peut-être, de montrer ses Enfans au monde: mais si on les aime aussi réellement qu'on en fait
parade, & pour eux plus que
pour soi, que ne se souvient-on
que nos Bals furent souvent

l'Ecueil, & jamais l'Ecole des mœurs, ni de la Fortune,

SEPTIEME CLASSE.

De quatorze à quinze ans.

Trois heures le matin ; deux heures & demie le soir.

Les fondemens de l'Histoire sont jettés, nous entrons dans la Théorie. La mémoire est enrichie, autant qu'il se peut, & qu'il convient à cet âge ; l'esprit s'est essayé sur quelques parties des mathématiques ; il va s'étendre & développer ses forces.

Logique.

Aidons-nous des secours de la Logique. Je l'ai dit ailleurs ; la bonne Grammaire est sa vraie baze. Parcourons-donc encore la *Grammaire générale & raisonnée*, & ajoutons y les *Tropes* de *du Marsais*. Quand on entend bien la propriété des mots, & la force des expressions figurées, c'est

un grand point pour parler juste
& s'entendre.

Les Regles du Syllogisme sont
courtes & simples ; & toutes les
fortes de raisonnement se rappel-
lent au Syllogisme , comme toutes les méthodes de raisonner se
réduisent à l'Analyse & à la Syn-
thése. La Logique , ou *l'Art de
penser* de *Port-Royal* suffit pour
ces deux articles.

Après cela *le Clerc* nous ap-
prendra les régles de la *Critique* ou
l'art d'apprécier l'autorité des
Ecrivains, & la verité des faits.

Enfin , ce qui est le plus délicat , & peut être le plus usuel ,
quoique le plus négligé , ce sont
les dégrés de Probabilité , pour
décider , dans l'obscurité des raisons , & l'incertitude des faits , le
jugement & la conduite. On les
trouvera calculés dans *l'Introduction à la Logique* de *S'gravesande.*

Morale.

Le premier usage de la L

93

gique est de s'élever à la Métaphysique de la Morale, & le premier objet de la Métaphysique
est Dieu, non pour que l'on ose
mettre en question son Existen-
ce, ce qui est au moins superflu
à tous égards, mais pour se convaincre de sa Majesté suprême
& de son aimable Providence.
Le second est l'Ame, c'est-à-dire
sa spiritualité & sa liberté, d'où
s'ensuit la nécessité de quelques
régles que l'homme doit suivre,
le mérite naturel de la vertu, &
par conséquent une autre vie des-
tinée au châtiment & à la récom-
pense. On pourra former un extrait du Commencement du
Traité de la Religion par *Abbadie*,
de *l'Introduction a la Métaphysique*
de *S'gravesande* & des *principes du*
Droit Naturel de *Burlamaqui*.

R E L I G I O N.

L'on donnera les Preuves
fondamentales du Christianisme, d'après *Grotius*, *le François*,

Ditton, &c. Mais comme c'est rester à mi-chemin que de montrer
l'autenticité des Livres Sacrés &
la Divinité de Jesus-Christ ; si
l'on n'établit encore l'unité & l'in-
faillibilité de l'Eglise, sans laquelle on peut abuser à son gré des
Livres Sacrés, & s'égarer sur la
Doctrine de Jesus-Christ ; il faut
que cette question importante
soit entamée avec précision, &
traitée avec une vérité qui satis-
fasse.

Physique.

Exposition & discussion courte
des Systèmes généraux. La Physique Latine de *le Monnier* four-
nira à peu près toutes les lumie-
res nécessaires ; mais je suis d'a-
vis qu'on donne cette partie en
François.

Mathématique.

L'Astronomie avec quelques
observations, le Télescope en
main, &c. & son application à
la *Gnomonique* & au Pilotage,

avec les principes de la Conf-
truction des Vaiſſeaux.

Deſſein.

En conſéquence on deſſinera
des Marines, & des Vaiſſeaux
avec leurs coupes.

Le Latin.

Il paroît qu'avec l'habitudé que
l'on a contractée de parler cette
langue, & de la traduire ſur toutes ſortes de ſujets, on eſt pré-
ſentement en état de s'exprimer
avec quelque aiſance. Pour l'augmenter on donnera la Métaphyſique, & les Preuves de la Religion en Latin, & ſelon la méthode Scholaſtique par Syllogiſmes,
objections & réponſes.

Quelque prévention que cer-
taines gens montrent contre cette
méthode, l'expérience prouve
qu'elle ſert merveilleuſement à
exercer l'eſprit, & à le rompre
aux matières de diſcuſſion. C'eſt
l'abus des termes vuides de ſens,
les queſtions frivoles ou abſurdes,

la déraison & l'opiniatreté à ne
se pas rendre, qu'il faut absolument proscrire ; & non la dispute
sage & honnête, mais suivie &
exacte, qu'il faut au contraire en-
courager, & à laquelle les gens
sensés ne peuvent qu'aplaudir.

Les Armes.

Voici un tout autre genre de
dispute ; mais où il faut de même réunir la précision & la sagesse. Cet âge est le temps de faire
des Armes ; mais comme malheu-
reusement ce n'est pas toujours
un jeu, & qu'il vaut mieux n'en
point savoir du tout, que de n'en
savoir qu'à demi, parce que l'on
est moins exposé à la tentation &
au danger, l'on continuera encore l'année suivante, quoique seulement par intervalles, & alors
on y ajoutera le Manége, si l'on
est à portée de se procurer cet
exercice.

HUITIEME ET DERNIERE CLASSE.

De quinze à seize ans.

Les heures, comme l'année précédente.

Cette année & la précédente font les plus chargées d'études, au rebours de l'usage ordinaire ; mais la raison en est simple l'on est plus fort ; & l'on va finir.

RELIGION.

Exposition de la doctrine Chrétienne Dogmatique & Morale. On suivra le plan commun des Ecoles de Théologie. Chaque Thése sera prouvée par des Textes formels de l'Ecriture, des Conciles, & des Peres, mais sans discussion & sans écarts ; c'est-à-dire, que l'on aura un bon & solide Catéchisme Latin, d'où sera exclu avec scrupule tout ce qui n'est qu'opinion, & encore plus toute nouveauté suspecte ou combattue. La Religion est simple, fixe, sublime ; c'est un atten-

N

tat & un scandale d'oser l'embar-
rasser de ces vains & périlleux
Systémes.

Je quitte déja la méthode Syl-
logistique. Il n'y a rien à faire ici
que pour la mémoire ; & l'on
n'instruit la mémoire que pour
diriger les sentimens.

Morale.

Le Droit naturel. On a les *Loix
naturelles* de *Cumberland*, & le
Droit naturel de *Volff* abregé par
Formey. On consultera aussi avec
fruit l'excellent traité préliminaire
des *Loix civiles* de *Domat* ; mais il
me paroît important, au lieu
d'appuyer sur les détails, de marquer les principales exceptions du
Droit positif, toujours fondées
sur des raisons de convenance, &
autorisées ou par la Religion révélée, ou par le renoncement des
Peuples aux priviléges primitifs.

Ensuite une idée du Droit des
Gens, ou pour mieux-dire, du
Droit public de l'Europe. Nous

en avons un bon essai par M.
Mably, avec des notes de *Rousset*.
En général nous ignorons trop
ces objets ; & delà vient que tant
d'Esprits hardis & présomptueux
parlent si témerairement des
Droits des Souverains & des Peuples, de la Politique & des Mœurs.

Ici comme pour la Religion,
il faut expliquer & répondre aux
questions, mais sans dispute entre les Eléves, parce qu'à cet âge
où l'on est vif, suffisant, & encore peu ferme sur les principes,
on ne dispute guére sans indé-
cence & sans danger, ni sur les
Dogmes avérés de la Religion,
ni sur les Précepres innés du Sentiment, ni sur les Loix fondamentales des Etats.

Physique.

C'est un troisiéme Catéchisme
à apprendre comme les deux pré-
cédens. On y indiquera les principes généraux de la Médecine
d'après *Boerhaave* & *Cheyne* ; de

l'Agriculture, d'après M. *du Ha-mel & Patullo* ; & du Commerce d'après *Belloni* & M. *Forbonêy.* Le tout en Aphorifmes, ou préceptes fimples, mais dont les raifons feront mifes par l'explication dans une évidence fenfible.

Mathématique.

Je ne dis rien ici de la guerre parce que je finis les Mathématiques, par les Fortifications & l'Artillerie, ce qui méne à la guerre de Siége ; & le Deffein par les Plans de Batailles, ce qui donne quélque idée de celle de campagne. Au furplus je ne crois pas qu'il foit permis de ne faire qu'effleurer les principes d'une Théorie fi compliquée, & pour cela même il faudroit d'autres Maîtres que des Profeffeurs de Collége, & d'autres Théatres que leurs Jardins.

Rhétorique & Poëfie.

Il me refte à égayer la féchereffe de tant d'Etudes graves par

les fleurs de la Rhétorique & les
charmes de la Poëſie. Il a fallu
apprendre un peu à raiſonner
avant de ſonger à embellir la raiſon & empêcher le brillant har-
di de l'Imagination d'offuſquer
les lumiéres encore foiblesdu bon
ſens. C'eſt à ces deux beaux arts
que je conſacre tout le tems de
cette année que laiſſeront les quatre leçons précédentes.

On donnera, ſi l'on veut, les
régles les plus ſimples&les moins
conteſtées de l'un & de l'autre,
d'après le *Cours des Belles Letres*
de M. *le Batteux*, en les appuyant
de quelques beaux morceaux des
deux Langues, pour le Sacré &
pour le Profane ; mais point de
moyen plus efficace & plus court
que d'analyſer quelques ouvrages
entiers de chaque genre, d'en
ſaiſir le plan, le rempliſſage &
les détails. Les Regles dirigent le
goût ; mais les grands modéles
l'épurent. On parvient à aimer le

Beau , & à juger par fentiment,
ce qui eft toujours le plus agréable, & auffi le plus fur, quand
le fentimeut a été éclairé par la
Raifon.

Moyens de faciliter les Etudes.

J'ai differé jufqu'à préfent de
parler de deux moyens généraux,
& ce me femble , indifpenfables,
pour affurer nos Etudes, & y
répandre de l'agrément.

PREMIER MOYEN. *Répétitions.*

La Mémoire des Enfans eft un
crible , dont les chofes échap-
pent auffi aifément qu'elles y en-
trent. On n'en remplit les vuides
qu'à force de répéter. Je vou-
drois donc que toutes les femai-
nes, on répétat le Dimanche
matin les Leçons de Religion,
le Lundi matin , celles de Mo-
ralé, & le Jeudi matin celles de
Phyfique. Je fuppofe que le Mer-
credi foir eft congé , & rien autre. De plus, que le premier
jour après les Fêtes de Noël,

Pâque, & Pentecôte, fût employé à répéter les Leçons des intervalles précedens, les derniers jours de l'année à répéter le tout, même en public, & les premiers de l'année suivante à les répéter encore. Ainsi l'on tiendra la paresse en haleine, pendant les Vacances ; l'on mettra en évidence les progrès réels, & les Esprits dissipés se remettront sans effort sur les voyes.

SECOND MOYEN. *Lectures.*

J'entends que les répétitions de Semaine n'occuperont que la moitié du temps de l'Ecole. Car en interrogeant sans suite tantôt l'un, tantôt l'autre, il est aisé de voir s'ils savent, d'autant plus que l'on connoît bientôt les paresseux. Il y a une façon encore plus commode d'en être sur, c'est de charger les premiers Ecoliers de chaque Classe de faire répéter leurs Voisins, sous peine de payer pour eux, s'ils sont surpris à ren-

dre en leur faveur un témoigna-
ge trop indulgent. Or je demande qu'à chaque répetition l'on
fasse succéder réguliérement
quelques petites Lectures choisies , rélatives aux Leçons cou-
rantes ; c'en sera un heureux sup-
plément , & les Enfans s'habitue-
ront à lire proprement , avec
grace , & intelligence , ce qui
est un talent très-peu commun.
On réservera même une petite
demi-heure , pour faire rendre
compte à quelques-uns de ce
qu'ils ont entendu , & répondre
aux difficultés que l'on permet-
troit à d'autres de leur faire. Ceci
regarde surtout les Classes un peu
avancées ; & il suffit , je pense,
de proposer cette idée pour que
l'on en pressente tout l'avantage.

Je vais donc indiquer quelques
Livres courts , mais bien écrits ,
& analogues à mon objet , en les
plaçant de suite à côté de chacun des petits traités qui nous
servent de Leçons.

PREMIERE ANNÉE.

LEÇONS.

Catechifme de Fleury.

Livres des Enfans.

Lectures pieuses, pour les Dimanches & Fêtes. Explication courte de l'Epître & Evangile du jour. Inftruction fur la fête, ou vie du Saint.

Lectures des autres jours.

Dialogues Socratiques, de Vernet. Et des Morts, de Fenelon. Quelques Fables de la Fontaine, & Métamorphoses d'Ovide. Quelques beaux endroits du Spectacle de la Nature.

SECONDE ANNÉE.

Leçons. Les mêmes traités que ci-deffus, en Latin, & la Géographie.

Lectures. Mœurs des Ifraëlites & des Chrétiens, de Fleury. Penfées choifies des Peres de l'Eglife par Bouhours. Abrégé des Mœurs & Coutumes des Peuples, par Maffuet. Penfées choifies des Anciens & des Modernes, par Bouhours. Le Télémaque de Fenelon.

O

TROISIEME ANNE'E.

Leçons. Abrégé de l'Histoire Sainte. Abrégé de l'Histoire Universelle. Abrégé de la Cosmographie.

Lectures. Extrait de la Bible, avec des réflexions, de Roiaumout (Sacy). Les Conseils de la Sagesse. Histoire du Ciel poëtique, de Pluche. La Pluralité des Mondes, de Fontene le. Le Newtonianisme, d'Algarotte.

QUATRIEME ANNE'E.

Leçons. Suite de l'Histoire Sainte. Histoire Ancienne. Histoire Naturelle des trois Régnes.

Lectures. Vie de J. C. par Dom Calmet. Apologétique, de Tertullien. La Grandeur de Dieu dans les ouvrages de la Nature, Poëme de Dullard. Quelques Vies, de Plutarque. Réflexions de l'Empereur M. Antonin.

CINQUIEME ANNE'E.

Leçons. Précis des Prophétes & Histoire Ecclésiastique. Histoire Moderne. Physique expérimentale.

Lectures. Régles pour l'intelligence de l'Ecriture Sainte, par Duguet.

Difcours de Fleury fur l'Hiſtoire Eccléſiaſtique. De l'exiſtence de Dieu, de Nieuwentit. Hiſtoire des Belles-Lettres, de Javenel de Carlenças. Caractères de la Bruyere.

SIXIEME ANNÉE.

Leçons. Suite de l'Hiſtoire Eccléſiaſtique. Hiſtoire Nationale. Phyſique expérimentale, Chymie, &c.

Lectures. Saint Cyprien, de l'unité de l'Egliſe. Hiſtoire abrégée des Héréſies. Eloges de Fontenelle. Hommes Illuſtres, de Perrault. La Henriade, de Voltaire.

SEPTIEME ANNE'E.

Leçons. Traité de la Religion. Morale. Métaphyſique. Syſtêmes Phyſiques.

Lectures. Connoiſſance de Dieu & de ſoi-même, de Boſſuet. La Religion, Poëme de Racine. Penſées de Paſcal. Eſſai ſur l'homme, de Pope, par Dureſnel. Origine ancienne de la Phyſique nouvelle, de Regnault. Abrégé de l'Eſſai ſur l'Entendement humain de Lock. Traité des Siſtêmes, de Condillac.

HUITIEME ET DERNIERE ANNE'E.

Leçons. Exposition de la Doctrine Chrétienne. Aphorismes de Médecine. Agriculture & Commerce. Droit Naturel, & Droit Public d'Europe. Rhétorique & Poëtique.

Lectures. Endroits choisis de la Cité de Dieu, de Saint Augustin. Sermons de Bourdaloue. &c.

Oraisons Funébres, de Fléchier, &c. Essai sur le Beau, d'André. Art poëtique, de Boileau. Quelques piéces de Théâtre, &c.

Si avec ces Lectures, l'on a soin de citer dans chaque traité les Auteurs qui ont le mieux écrit sur chaque partie, l'on aura une Bibliothéque toute dressée pour la plûpart des Etudes de convenance, où souvent, sur tout dans les Provinces, on manque de Guides assez éclairés pour aller aussi loin que le Génie naturel semble le promettre, ou du moins assez sages pour souffrir que l'on ne suive pas servilement leur marche.

CONCLUSION.

Les premiéres Etudes sont ache-
vées, & je crois mes promesses
accomplies. A présent que l'esprit s'est tâté dans tous les genres,
on peut faire un choix avec espé-
rance de succès. Que l'on s'éléve
aux sublimités de la Théologie ;
que l'on s'enferme dans le La-
byrinthe du Droit ; ou que l'on
se promène dans les obscurités de
la Médecine. Que l'on marche
aux périls brillans de la Guerre ;
ou que l'on se jette dans le tour-
billon épineux des Affaires publiques ; ou que l'on se cache dans
les sentiers lucratifs du Commerce & des arts : on ne s'y trouvera
point absolument neuf. Quelqu'état que l'on embrasse, on
pourra s'y livrer tout entier, avec
une confiance assez bien fondée,
que l'on en sait sur le reste à peu
près autant que la plupart de ceux
mêmes qui passent pour cultivés

& instruits; puisque la plûpart
ayant étudié sans méthode, savent sans méthode & sans but,
par particules détachées, & toujours nageant vaguement sur les
surfaces.

Je ne sais si je me trompe, si
je donne trop à mes idées, si une
fausse lueur me séduit; mais il
me semble que mon Plan est bon
& pratiquable, qu'il fera des
Chrétiens éclairés, & des Ci-
toyens utiles; il me semble que
s'il rencontre des Contradicteurs,
la routine de penser ne prescrira
point contre les avantages dé-
montrés d'une innovation nécessaire; que tôt ou tard je serai
écouté & suivi, ou qu'un meilleur genie montrera une meilleure route, ce qui seroit le comble
de mes vœux.

FIN

LETTRE

A

PHILOPENES,

OU

RÉFLEXIONS

SUR LE

RÉGIME DES PAUVRES.

M. DCC. LXIV.

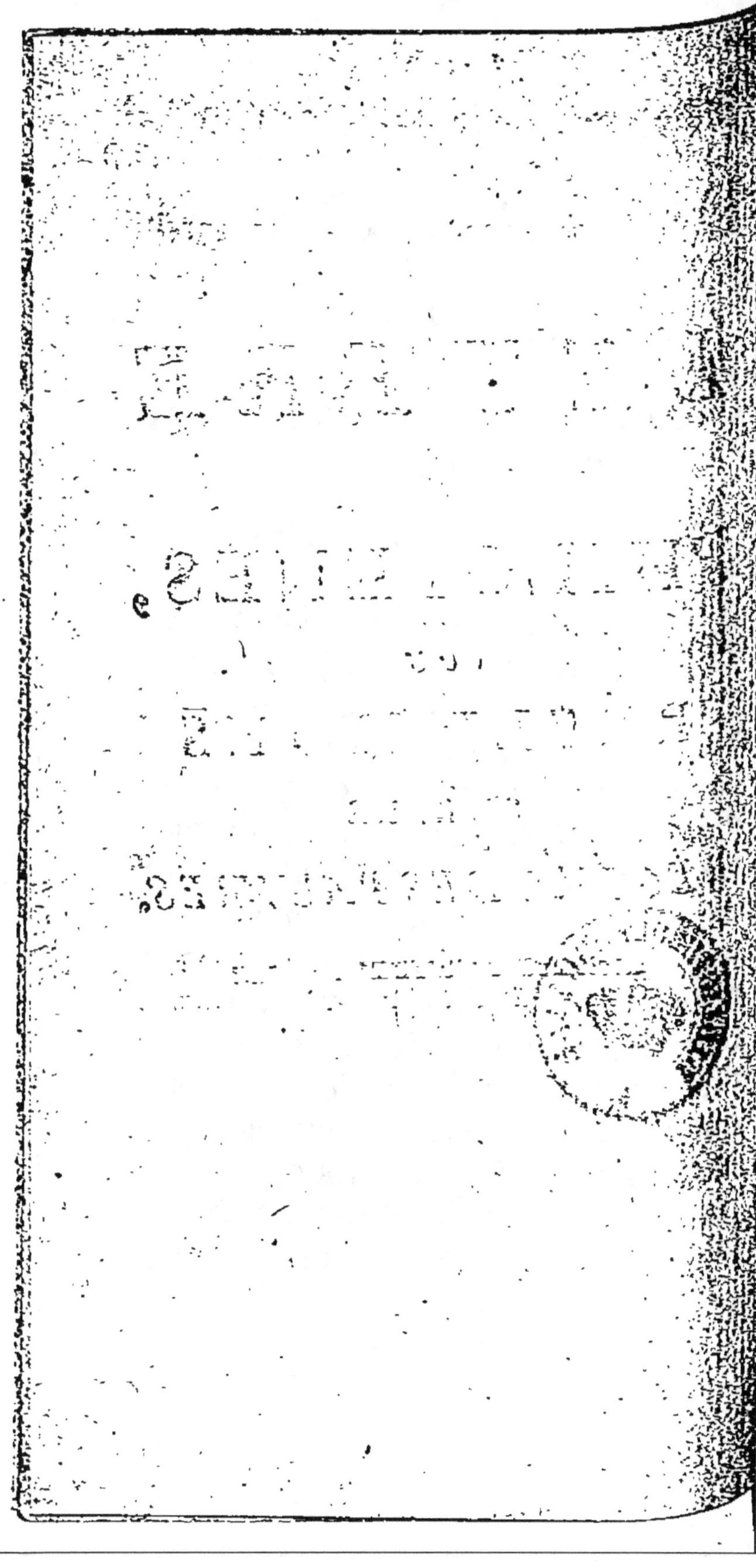

DÉCLARATION
DU ROI,

CONCERNANT *les Vagabonds,*
& Gens sans aveu.

Donnée à Compiegne le 3 Août 1764.

LOUIS, par la grace de Dieu, Roi
de France & de Navarre : A tous ceux
qui ces présentes Lettres verront ;
SALUT. Les plaintes que Nous rece-
vons sans cesse des désordres commis
dans les différentes Provinces de notre Royaume par les Vagabonds &
Gens sans aveu, dont le nombre paroît se multiplier chaque jour, Nous
ayant paru mériter toute notre attention, Nous nous sommes fait rendre compte des dispositions des Ordonnances qui ont été données sur
cette matiere, soit par Nous, soit par
les Rois nos prédécesseurs, & Nous
avons reconnu que la peine du ban-

niſſement n'étoit pas capable de con-
tenir des Gens dont la vie eſt une eſ-
pece de banniſſement volontaire &
perpétuel, & qui, chaſſés d'une Province, paſſent avec indifférence dans
une autre, où, ſans changer d'état,
ils continuent à commettre les mêmes
excès; c'eſt pour remédier efficace-
ment à un ſi grand mal, que Nous
avons réſolu de l'attaquer juſques
dans ſa ſource, en ſubſtituant à la
peine du banniſſement, celle des Galeres à tems pour les valides, & celle
d'être renfermés pendant le même terme, pour ceux que leur âge, ou leurs
infirmités, où leur ſexe ne permet-
tront pas de condamner aux Galeres.
Cette rigueur Nous a paru d'autant
plus néceſſaire, que ce n'eſt que par
la ſévérité des peines que l'on peut
eſpérer de retenir ceux que l'oiſiveté
& la fainéantiſe pourroient engager à
continuer, ou à embraſſer un genre
de vie, qui n'eſt pas moins contraire
à la Religion & aux bonnes mœurs,
qu'au repos & à la tranquillité de nos
Sujets. A CES CAUSES, & autres à ce
Nous mouvant, de l'avis de notre

Conseil, de notre certaine science, pleine puissance & autorité Royale, Nous avons dit, déclaré & ordonné, &, par ces Présentes signées de notre main, disons, déclarons & ordonnons, voulons, & Nous plaît ce qui suit.

ARTICLE PREMIER.

LES Vagabonds & Gens sans aveu, mendiants ou non mendiants, seront arrêtés & conduits dans les Prisons du lieu où se trouvera établi le Siege de la Maréchaussée d'où dépendra la Brigade qui en aura fait la capture, & leur procès leur sera fait & parfait en dernier ressort par les Prévôts de nos Cousins les Maréchaux de France, ou leurs Lieutenants, &, en leur absence, par les Assesseurs en la Maréchaussée, & par eux jugé conjointement avec les Officiers des Bailliages ou Sénéchaussées, dans le ressort desquels est situé ledit Siege de Maréchaussée; le tout conformément à notre Déclaration du 5 Février 1731; & sans préjudicier à la compétence des Présidiaux concernant lesdits Vagabonds & Gens sans aveu, suivant les

difpofitions des Articles VII, VIII &
IX de notredite Déclaration, lefquels
feront exécutés fuivant leur forme &
teneur.

II. Seront réputés Vagabonds &
Gens fans aveu, & condamnés comme tels ceux qui, depuis fix mois
révolus, n'auroient exercé ni profef-
fion ni métier, & qui, n'ayant aucun
état ni aucun bien pour fubfifter, ne
pourront être avoués ou faire certifier
de leurs bonne vie & mœurs par per-
fonnes dignes de foi.

III. Les Vagabonds & Gens fans
aveu, qui feront arrêtés dans les deux
mois, à compter du jour de la publi-
cation de notre préfente Déclaration,
feront condamnés aux peines portées
par nos précédentes Ordonnances &
Déclarations; & à l'égard de ceux qui
feront arrêtés paffé ledit délai, ils
feront condamnés, encore qu'ils ne
fuffent prévenus d'aucun autre crime
ou délit, favoir les hommes valides de
feize ans & au-deffus jufqu'à foixante-
dix ans commencés, à trois années
de Galeres; & ceux de foixante-dix
ans & au-deffus, ainfi que les infirmes,

les filles où femmes, à être renfermés
pendant le même temps de trois années, dans l'Hôpital le plus prochain,
le tout fans préjudice de plus grande
peine, fuivant l'exigence des cas. A
l'égard des enfants qui n'auroient pas
atteint l'âge de feize ans, ils feront
envoyés dans lefdits Hôpitaux, pour y
être inftruits, élevés & nourris, fans
néanmoins qu'ils puiffent être mis en
liberté que par nos ordres.

IV. Lesdits Vagabonds & Gens
fans aveu, de l'un & de l'autre fexe,
feront tenus, à l'expiration du terme
de leur condamnation, de choifir un
domicile fixe & certain, & par préfé-
rence celui de leur naiffance, & de s'y
occuper de quelque métier ou travail
qui les mette en état de fubfifter,
fans néanmoins qu'ils puiffent s'établir
dans notre bonne Ville de Paris, &
à dix lieues de notre réfidence, aux
peines portées par nos Ordonnances.

V. Dans les cas où lefdits Particuliers feroient arrêtés de nouveau, &
convaincus d'avoir repris le même
genre de vie, ils feront condamnés,
favoir, les hommes valides au-deffous

de soixante-dix ans, à neuf années de Galeres, &, en cas de récidive, aux Galeres à perpétuité; & les hommes de soixante-dix ans & au-dessus, les infirmes, femmes & filles, à être enfermés pendant le même temps de neuf années, dans l'Hôpital le plus prochain, &, en cas de récidive, à perpétuité.

VI. POURRONT les septuagénaires, dont le terme de la détention sera expiré, demander à rester dans les Hôpitaux, où ils auront été renfermés; auquel cas ils ne pourront être congédiés.

VII. LES hommes, femmes & filles, & les enfants de l'un & de l'autre sexe, qui auront été renfermés ou placés dans les Hôpitaux, en vertu de notre présente Déclaration, & les septuagénaires qui auroient demandé à y demeurer, seront nourris & entretenus aux frais des Hôpitaux de la Province où ils auront été arrêtés & jugés, au cas qu'il y ait dans lesdits Hôpitaux, Maison de Force & de correction actuellement existante.

VIII. A l'égard des Provinces où il

n'y aura pas de Maison de Force, lefdits Vagabonds, Gens fans aveu, &
autres, condamnés par Arrêt, ou Jugement en dernier reffort, à être renfermés, feront reçus dans les Hôpitaux de Charité ou Maifons de Force
des Provinces les plus voifines, & ils
y feront nourris & entretenus à nos
frais. Voulons en conféquence, que
le montant de leur dépenfe foit payé
& rembourfé de trois mois en trois
mois, auxdits Hôpitaux ou Maifons
de Force, par les Fermiers de notre
Domaine, en vertu des Exécutoires
qui feront expédiés au nom du Rece-
veur ou Tréforier defdits Hôpitaux,
par les Intendants & Commiffaires
départis de notre Confeil dans les
Provinces. SI DONNONS EN MANDE-
MENT à nos amés & féaux Confeillers,
lés Gens tenans notre Cour de Parlement à Paris, que ces Préfentes ils
ayent à faire lire, publier & regiftrer,
& le contenu en icelles garder, ob-
ferver & exécuter felon leur forme &
teneur, aux copies defquelles collationnées par l'un de nos amés & féaux
Confeillers-Secretaires, voulons que

foi soit ajoutée comme à l'original. CAR tel est notre plaisir ; en témoin de quoi Nous avons fait mettre notre Scel à cesdites Présentes. DONNÉ à Compiegne, le troisieme jour du mois d'Août, l'an de grace mil sept cent soixante-quatre, & de notre Régne le quarante-neuvieme. *Signé*, LOUIS. *Et plus bas, Par le Roi*, PHELYPEAUX. Vu au Conseil, DE L'AVERDY. Et scellée du grand Sceau de cire jaune.

Regiſtrée, oui, ce requérant le Procureur Général du Roi, pour être exécutée ſelon ſa forme & teneur ; & ſera le Roi très-humblement ſupplié de venir au ſecours des Hôpitaux, mentionnés en l'Article VII de ladite Déclaration, dans le cas d'inſuffiſance de leurs revenus, & d'y pourvoir en la forme portée par l'Article VIII. Et copies collationnées envoyées aux Bailliages & Sénéchauſſées du Reſſort, pour y être lue, publiée & regiſtrée. Enjoint aux Subſtituts du Procureur Général du Roi d'y tenir la main, & d'en certifier la Cour dans un mois, ſuivant l'Arrêt de ce jour. A Paris, en Parlement, toutes les Chambres aſſemblées, le vingt-un Août mil ſept cent soixante-quatre.

Signé, DUFRANC.